U0304895

一步万里阔

全球视野与物质文化史丛书 | 主编 蒋竹山

JAMES A. BENN

# *Tea*
## *in*
# *China*

## A RELIGIOUS AND CULTURAL HISTORY

# 茶在中国
## 一部宗教与文化史

〔加〕贝剑铭 著

朱慧颖 译

中国工人出版社

致

谢

撰写本书的时间比我预期的要长得多,不过在此过程中我也学到了很多,因此我要感谢所有帮助过我的人。这一切都始于提姆·巴瑞特(Tim Barrett)。我在东方与非洲研究学院学习时,他建议我的硕士论文应该考察中古时期中国佛教徒如何把茶作为一种新的取代酒的"准字号药物"来推广。这篇论文很早以前就已完成,但是如大家所见,研究茶在中国传统文化中宗教性面向的想法一直没有离开过我。对于我的兴趣突然从自焚转向茶叶,读者会感到困惑,但是他们应该了解本项研究有深刻的根源,尽管它开花结果可能需要花费更多的时间。

如果没有基金资助机构的帮助,我不可能完成此书。它们一直为出于好奇心而开展的基础研究提供赞助,即便是在困难时期也没有停止。我尤其感谢加拿大社会科学与人文研究委员会的支持,为我提供标准研究补助(Standard Research Grant)。在此之前,梅隆基金会资助我在剑桥大学李约瑟研究所学习。我也要感谢该基金会让我有机会在李约瑟研究所工作,那里是我从事研究最喜欢的地方之一。我还要向李约瑟研究所的许多朋友、同事致谢，尤其是图书管理员约翰·莫菲特（John Moffett）、时任所长的古克礼（Chris Cullen）、现任所长梅建军和行政人员苏·班尼特（Sue Bennett）。

夏威夷大学出版社读者的意见对我特别有帮助，田海（Barend ter Haar）和另一位匿名读者提出了许多有益的意见和建议。本书编辑，具有传奇色彩的派特·克罗斯比（Pat Crosby）始终支持我并满怀热情，斯蒂芬妮·秦（Stephanie Chun）为出版社审阅了我的书稿，我很乐意再度与她们合作。

在写作过程中，许多人提供了有用的建议和意见。不像我，史蒂夫·欧阳（Steve Owyong）是真正的中国茶史专家，他耐心地为我纠正了许多事实和理解上的错误，对我的助益尤大。马尔科·切雷萨（Marco Ceresa）是另一位非常支持这项研究计划的茶方面的专家。

拉乌尔·伯恩鲍姆（Raoul Birnbaum）多年阅读我的著作，他是一位善良、耐心的读者，也提出了宝贵的建设性建议。好友陈金华的评论一如既往地全面、有见地、实用。麦克马斯特大学佛教研究室的同事肖恩·克拉克（Shayne Clarke）和马克·罗（Mark Rowe）批判性地仔细阅读了本书的完整草稿。斯图尔特·杨（Stuart Young）把他自己的工作放一边，先评论我的著作。我感谢所有这些耐心的读者，我相信书中依然存在许多事实与解读上的错误，但受责备的不应该是他们。

麦克马斯特大学的研究生用了许多方法帮我收集信息和资料，因此我要感谢何咏珊（音译）、兰迪·西利（Randy Celie）、曾稚棉和白思芳（Stephanie Balkwill）。白思芳帮我找到了一些珍贵的绝版中文二手书，谢谢她和其他为我在中国大陆、中国台湾地区、日本和韩国购书的人。英属哥伦比亚大学的罗班·托莱诺（RobbanToleno）不是我的学生，但他的研究兴趣和我重合，一直是可以在中国的茶与宗教这个话题上和我对话的液体交流对象。

图书馆对本书的定稿至关重要，在此我对麦克马斯特大学米尔斯图书馆馆际互借团队为查找一些稀缺却基本的材料所付出的努力表示感谢。也感谢多伦多大学、密歇根大学、耶鲁大学、普林斯顿大学、哈佛大学、剑桥大学、加州大学洛杉矶分校汉学图书馆的员工始终积极、高效。

在开展研究的过程中，我很荣幸能有机会和人们探讨我的研究，谢谢有关人员邀请我去剑桥大学、普林斯顿大学、哥伦比亚大学、多伦多大学、英属哥伦比亚大学和蒙特爱立森大学做茶叶专题讲座。2009 年，我应邀在洛杉矶分校"李汝宽中国考古与艺术系列讲座"第 22 讲上做了题为"中古中国之佛教茶艺"的讲座，这是莫大的惊喜与殊荣。感谢组织这场活动的李氏一家和加州大学洛杉矶分校中国研究中心。

我还要向布鲁斯·拉斯科（Bruce Rusk）、卡拉·纳皮（Carla Nappi）、詹姆斯·罗伯逊（James Robson）、查立伟（Livio Zanini）、本·伯罗斯（Ben Brose）、尤恩·安（Juhn Ahn）、迈卡·奥尔巴克（Micah Auerbach），以及我在亚利桑那州立大学的前同事，尤其是史蒂夫·韦斯特（Steve West）和田浩（Hoyt Tillman）道谢，感谢他们答复我不时地咨询，让我阅读他们未出版的作品，等等。菲利普·布鲁姆（Philip Bloom）和格雷格·莱温（Greg Levine）的帮助和建议使我获许复制日本藏品部的一些重要图片，对此我谨致谢忱。多年来乔治·基沃思（George Keyworth）、里克·麦克布莱德（Rick McBride）和我志同道合，虽然如今我们不再相约"毗奈耶之桌"，但我相信我们聚会的精神长存。

感谢这些年来赠我好茶的朋友和支持者，希望本书是对他们善意的某种回馈。

虽然许多人为本书贡献了时间与精力，但我的妻子艾米（Emi）

付出最多,她认真阅读了我的手稿,在每一页上都写满了注释。在她的质疑、启发和劝说之下,我的稿子逐渐成形。我很感激她对本书的兴趣,并为我创造了一个愉快的写作环境。帕玛(Pema)的帮助

xi 虽然不如此处提及的其他人具体,但她总是愿意和我分享她的智慧与热情。

# 目　录

## 插图列表

# 第一章　传统中国作为宗教与文化商品的茶

　　本书主要研究传统中国作为宗教和文化商品的茶,具体指19世
纪以前尚未成为全球商品的中国茶的发展状况。事实上,关于19世
纪前后茶贸易发展的优秀研究成果已很丰富,本研究并非简单重
复,而是将侧重点放在中国文化而非全球市场上。[1]我们将考察既
是产品(采摘于种植的茶树,经过加工的叶子),又是买卖对象的茶,
此外也要了解茶作为一种饮品的历史。在展开论述之前,有两个基
本问题需要明确:第一,何为"宗教和文化商品"? 第二,这个视角对
于研究茶的历史意义何在?

　　19世纪的名著《红楼梦》中有一段描写,有助于我们理解为何要
将茶视为包含了宗教和文化特性的商品。这部鸿篇巨制的第41回
写道,男主角贾宝玉在仆人陪同下到一所尼姑庵品茶。[2]妙龄女尼
妙玉用一个雕漆填金的小茶盘和精致的小盖钟先向贾府大家长贾
母敬茶,贾母直言道:

　　　　"我不吃六安茶。"

　　　　妙玉笑说:"知道。这是'老君眉'。"

贾母接了，又问："是什么水？"

妙玉道："是旧年蠲的雨水。"

2　　　余下众人用清一色的官窑脱胎填白盖碗吃了茶，妙玉引着宝玉的表妹林黛玉和薛宝钗进了她的耳房，在那儿，妙玉用更为名贵精致的茶杯装了她自用的茶给她们吃。宝玉跟了进来，讨到了一杯妙玉的细茶：

宝玉细细吃了，果觉清醇无比，赏赞不绝。

黛玉天真地问起这泡茶的水可也是旧年的雨水，被妙玉径直打断了：

你这么个人，竟是大俗人，连水也尝不出来！这是五年前我在玄墓蟠香寺住着，收的梅花上的雪，统共得了那一鬼脸青的花瓮一瓮，总舍不得吃，埋在地下，今年夏天才开了。我只吃过一回，这是第二回了。你怎么尝不出来？隔年蠲的雨水，哪有这样清醇？如何吃得！

为了达到艺术效果，《红楼梦》中对精致饮茶场景的勾画显然有其夸张的成分，但它提供了关于品茶所能达到的高度的一个直观样本，也彰显了一个事实，即有时佛教寺院对茶叶、水品、茶具也都很讲究。小说也显示，在传统中国，茶不仅仅是日常饮用的商品，也与众多复杂的社会关系、文化关联及预设等息息相关。本书将通过观察传统中国茶叶发展史中的一系列关键点，探索商品、物质和文化体系之间的关联如何构建。

以此种方式探究茶能让我们获得什么知识或感悟呢？我相信

通过了解茶对整个社会而不仅仅是对个人的影响,它会为我们提供一个认识中国的宗教思想与实践的不同视角。这项研究使我们得以探索通常隐而不见的漫长文化历程,它要求我们结合不同类型的资料进行思考,而这些资料通常由诗歌、游记、宗教领域的专家分头研究。即便如此,我们应该在阅读材料时意识到,现存文献和实物 3 的主要来源是不全面、不均衡的,因而我们不可避免地要将重点放在某些类型的撰述上,并考察那些或多或少偶然间幸存于世的人工制品和图像资料。此外,许多茶史资料来自中国社会的精英阶层,必然只反映少数特权者的兴趣爱好,但只要我们足够细致,也能一窥在更广阔的社会中茶的宗教与文化价值。

　　这是一项历史研究,但又非全面的茶史研究,主要关注茶文化史上最能推陈出新、最令人心驰的唐宋时期(约为 7—13 世纪)。虽然在帝制后期,茶事上毫无疑问也有重大变化,但这一时期是茶叶种植与饮用的主要发展期。今天,茶是一种普遍的饮品,但过去并非如此。通过研究其产生与发展,我们会更多地了解到人类社会中新品位如何形成。资料显示,经常饮茶的习惯似乎始于中古①中国的佛教僧侣,后来传播到文人,然后可能又非常迅速地传至更广泛的人群。我选择将研究集中于这一形成期,并不是否认后世有大量的茶文化活动,而只是想说,后世的发展——如明代散茶的饮用及随之而来的茶壶的发展,或明清时期茶事艺文的繁荣——都只是早期实践的改良,而非令人吃惊的新发展。抛开这些不谈,在一本书里完成中国茶文化的全面论述是不可能的,因而围绕形成期展开研究更为可行。本书不提供中国茶的完整历史,只创新性地阐述某些特定时空中茶的宗教与文化面向。[3]

---

　　① 　根据目前史学界比较通用的中国"中古史"概念,中古指秦汉至五代。本书中作者所说"中古中国""中古时期"也指这一时期。——译者注

我们会看到,茶的故事并非发生在"永恒不变的中国",而是发生在剧烈地、大规模地,且常常迅速变化的中国。经济方面,出现了纸币和钱庄、钱铺等;农业方面,大小茶园在其他作物难以生长的地方发展起来;社会方面,开始雇用采茶女;文化方面,涌现了大量茶诗。饮茶与茶文化的发展也仰赖于中华帝国境内把各个区域连缀在一起的基础设施:例如,如果没有隋炀帝(604—618 年在位)组织疏浚、开凿的运河,[4]茶不可能从一种地方性的滋补品发展为举国之饮。这种国家基础设施的影响隐藏于我们看到的事物表相之下,文献资料通常未注意或忽略过去,但它对于茶的普及至关重要。同时,茶还是一种文化标志——在中唐以前的中国,喝茶是南方人的特征,后来则变成了更多中国人乃至中华文化的象征。

4　　　8 世纪中叶,茶出现在国家舞台的不久之后,社会各阶层的人都开始饮茶,但品茶的文化实践成为财富、地位、闲适以及品位的象征。[5]因此,考量中华帝国的茶文化或许能让我们看到现代消费者社会的一丝微光。

除了消费观念,通过对比 18 世纪英国"品位"的发展来思考中国茶文化的兴起也大有裨益。"品位"这个概念最早于 17 世纪晚期引起关注,被用作文化差异的重要标志。根据文化的差异性,物品的价值不仅由其成本决定,还取决于大多数人都觉得很难区分的事物之间的细微差别。这一时期的英国散文家约瑟夫·艾迪生(Joseph Addison,1672—1719)比较了一个文学品位很高的人和一位能够鉴别出十种不同的茶或其任意组合的品茶专家。[6]值得一提的是,在大革命前的法国,何为高品位的规则是由王室决定,在英国则通过贵族的交际圈传播,这和中古中国品茶要领的流传是一致的——通过茶书和在文人间传诵的诗歌传播。所以在中国,茶如何品鉴不受朝廷控制,尽管一些皇帝(尤其是宋徽宗,1101—1126 年在位)在这一文化领域发挥了重要作用。

尽管我选择了一条特别的途径来研究传统中国的茶史,它强调茶的宗教面向,但假如没有众多中日茶学专家努力收集的必要的历史资料,并进行长期、细致的分析,本书不可能完成。在接下来的每一章中,我都会说明我吸收利用了哪些亚洲语言的前期学术成果,但在此我想先指出那些帮助我了解中国茶史的重要研究。本书的一个重要资源是中国茶史专家郑培凯和朱自振2007年编选的《中国历代茶书汇编校注本》,我和他们都受惠于二十世纪八九十年代中国大陆许多专家的开创性著作。例如,茶学家陈椽的《茶业通史》虽然成书于1984年,但依然有很大作用;陈祖槼、朱自振1981年编纂的《中国茶叶历史资料选辑》仍旧是不可或缺的资料来源。除了这些书外,程光裕、方豪、廖宝秀等学者关于茶文化历史的长篇论文也提供了重要的资料和分析。较近,刘淑芬在唐宋寺院饮茶研究上取得了突破性进展。关于茶诗,我从吕维新、蔡嘉德选注的唐代茶诗中学到了很多。至于日语的学术成果,布目潮沨是唐代茶文化专家,森鹿三的作品对理解《本草纲目》中的茶很有帮助,高桥忠彦对于唐代茶诗和荣西禅师(1141—1215)《吃茶养生记》的意义有深刻见解。简而言之,他们和其他东亚学者关于茶的研究使我获益良多。

本书贯穿这样一种假设,即茶在中国是一个具有历史偶然性的话题,随时间的流逝而变化。在接下来的章节中,我们将观察不同饮茶法之间复杂的相互影响,茶叶加工技术的演进,以及对待茶的态度的文化变迁。例如,茶的饮用法由最早时候的烹煮新鲜茶叶,演变为烹煮加工过的茶叶(汉至唐)。唐代(618—907)出现了饼茶,饮用时先炙烤、碾碎,然后用很热的水(但不是沸水)来冲泡。有时,这种茶会和橘皮等其他材料一起烹煮。迨至宋代,茶饼碾成粉末,用茶筅在滚烫的水里击拂出泡沫,并在上层形成乳白色沫浡,这样

5

的茶为品鉴者所推崇。直到明代(1368—1644)，才出现了今天我们所熟知的沸水冲泡散茶的瀹饮法。[7]一杯在手，观茶色，闻茶香，品茶味，其味取决于制于何时何地。我们有理由相信，对待茶的文化态度随着茶自身而不断变化。

## 茶的基本含义

茶树的拉丁学名是 *Camellia sinensis*，作为饮品的茶由茶树嫩叶沥泡而成。[8]茶树最喜欢温和的气候，目前中国茶大多产于南方的丘陵地带。茶树最早生长在现今云南、四川等西南省份，这里在近代中国属于半开化的边缘区域。尽管有些争议，但中国通常被认为是茶的故乡。[9]尽管野生茶树很早就在阿萨姆生长，但直到十九世纪三四十年代英国人才开始人工培植茶树用以商业性的茶叶种植与加工。[10]世界各地的"茶"字基本上都来源于汉语，例如，汉语的"茶"是土耳其语"çay"和俄语"чай"的词源。英语中的"tea"（法文中的"thé"，意大利语的"te"等）则源于闽南语中"茶"的发音"te"。[11]

茶树作为经济作物的优势之一是可以在丘陵和山地生长，这就确保了平地可以用来种植水稻。茶树与山地的这种关联有助于我们理解寺院、道观种植茶树的原因，因为它们往往坐落于能汲取新鲜活水的山中。[12]有别于野生茶树，人工栽培的茶树通常修剪至方便管理的高度——一般不超过六英尺，刚好及腰，这样方便采摘茶叶加工中用得最多的嫩叶幼芽。

茶含有咖啡因，这是刺激身心的活性成分，古代中国的诗人与作家都称颂过茶的这一功效。咖啡因是一种天然生物碱，在14世纪以前，欧洲以外的大多数文化都知道一些植物含有咖啡因或可可碱（它是一种类似于咖啡因的生物碱，存在于可可豆、可乐果和茶之中)。有趣的是,欧洲直到 17 世纪才接触到咖啡因。[13] 除了用作温和的刺激物,咖啡因也有镇痛和利尿功效。它可以影响中枢神经系统,提高大脑灵敏度,促进肌肉运动(包括心肌),改善肾功能。中国的原始资料,无论是药物学著作或逸闻故事,通常认为茶能解渴、止睡、解酒、提神醒脑。

　　茶苦而涩——这一特点可以部分地说明茶在唐代才开始流行的原因,那时精英消费者已能享用各种甜食。[14] 中国的作者盛赞茶能降火去热、缓解脑疼目涩,此外还能利尿、通便、止泻。通常还认为,茶可以促消化、解油腻、减少胃气胀、化痰、祛除痈疮、缓解关节疼痛、健齿、怡情悦性、延年益寿。[15]

7

### 茶叶的种植、加工与消费

　　如今,从北京到巴尔的摩,到处都在买卖、饮用绿茶——它是一种经杀青、揉捻和干燥制成的散茶,最早可以追溯至大约 12 世纪的中国。习惯于这种中国绿茶的我们,可能很难马上从滋味和外形上分辨出唐宋时期中国人饮用的茶。大概在最早的时候(公元前475—前 221 年的战国时期甚或更早),人们采摘新鲜的茶叶制成饮品,对茶叶不作任何加工(可能经过日晒),因此茶叶很难成为一种特别稳定的产品,而只能在茶叶生长的地方就地消费。制茶工艺的发展反映了生产一种可运输、可贮存,且随时随地可饮用的物品的需求,尽管具体时间尚不可考,但唐以前就出现了饼茶:将未发酵的茶叶蒸熟,与具有黏合作用的物质混合,用模子制成包装后能长途运输的茶饼。

　　随着时间的推移,正如茶的饮用法,茶叶的加工工艺也在不断发展。或许最早关于茶叶饮用方法的说明出自《食疗本草》,它编纂

于 7 世纪晚期,是现存最全面的唐代食疗著作:[16]

> 茶主下气,除好睡,消宿食,当日成者良。蒸、捣经宿。用陈故者,即动风发气。市人有用槐、柳初生嫩芽叶杂之。[17]

这段文字告诉我们,新茶是一种不稳定的物质,不良商人会将其他植物的嫩芽叶掺入陈茶以改善色泽。通过加工可以使茶更为稳定、耐放,茶叶的加工随饮茶口味与技术的发展而改变。唐代,人们将未发酵的茶叶蒸、捣并压制成茶饼。[18]宋代,茶饼用模子成型前要先经过蒸、压、揉。如前所述,绿茶散茶作为今天最常见的茶,其加工方法是将鲜叶进行杀青、揉捻和干燥——这种工艺最早出现在元明时期。如果任由茶叶发酵,茶叶的组织就会被细菌、酵母或其他微生物破坏。用高温烘焙或铁锅炒制,即“杀青”,能阻断茶叶的发酵过程(它会破坏叶绿素并释放鞣酸,使茶叶变暗),使茶叶色泽嫩绿。

茶叶加工工艺的又一个重大发展是 15 世纪武夷茶(乌龙茶)的出现,其法为将采摘的茶叶萎凋、做青、炒青、揉捻、干燥,最后的干燥即烘焙能终止发酵过程。此种茶在西方广为流行。全发酵的红茶直到 19 世纪中叶才在中国出现,因而本书并未论及。如今红茶的制作是将手工采摘的茶叶进行萎凋(日晒或放在萎凋槽内)、揉捻,最后在干燥室内烘焙。除了这些根据制作方法区分的基本茶类,自公元 1000 年来中国又创制了各种花茶。[19]

我们会看到,前述茶叶加工工艺的革新与茶作为宗教与文化商品的故事缠绕在一起,事实上,宗教机构在茶的发展中扮演了重要角色。例如,许多受欢迎的名茶最早都产自寺院、道观所在的山地,由当地山僧加工而成,僧侣在云游时又将茶叶的生产技术带到其他地区。

根据茶叶的发酵程度,我们可将现在饮用的茶叶常分为三种主要类型:不发酵茶(绿茶)、全发酵茶(红茶)和半发酵茶(乌龙茶)。古往今来,中国饮用最多的就是不发酵的绿茶。如前所述,在中古中国茶的制作方法与后世不同,当时茶的冲泡方法也有很大不同——煮、泡、沃、点等——有时还会在茶中加入盐、椒、姜、干果等调味品。唐代的茶与今天大不相同,可能更像一种汤。本研究常引用广为流传、众所周知的陆羽(733—804)《茶经》,在该书的"六之饮",陆羽说:

9

> 或用葱、姜、枣、橘皮、茱萸、薄荷之等,煮之百沸,或扬令滑,或煮去沫。[20]

陆羽对这种煮茶方式十分不屑,写道"斯沟渠间弃水耳,而习俗不已"。[21]诗人皮日休(838—883)为《茶经》作序时即曾评价唐代这种独特的习俗如下:"然季疵(陆羽字季疵)以前,称茗饮者,必浑以烹之,与夫瀹蔬而啜者无异也。"[22]

人们普遍像喝汤似的喝茶,这一情况说明了在当时的观念中茶主要是食物或药物。除了上文所言之《食疗本草》,6世纪至7世纪的其他本草书也建议读者在茶中加入葱、山茱萸、姜,或做成茶粥。尽管有陆羽、皮日休等人的批评,社会上也流行更精致的饮茶法,但这种药用茶汤自唐代以来从未消失。迟至南宋时期,林洪(12世纪)仍在其食谱书《山家清供》中指摘这种茶汤,但元代的营养学著作中依旧能看到各种茶粥的食谱。[23]事实上,一些类似的饮茶方式今天依然存在——姜盐茶即为一例。[24]由此可见,茶的饮用有不同的形式,不同的背景,不同的缘由。

一方面,品茶大家不屑于这些流行的菜汤似的茶;另一方面,他们倡导用适宜的方式品饮一些极其精巧珍贵的茶。宋初已有各种名称令人眼花缭乱的茶,最显著的莫过于昂贵而精致的"蜡茶",其价通常为他茶的两倍。有些茶会高价售予爱茶人,为品鉴者而作的《品茶要录》等书应运而生,帮助他们识别伪茶或以次充好的茶。[25]

10 　茶叶市场从面向大众的普通消费市场,发展到面向追求奢华、稀有的特定客户的高端"品牌"市场。人们会根据茶特定的产地或采摘时间区分茶——如春初清明节的前三天采制的茶就备受推崇。[26]宋代多在茶饼上压制出引发认同感的茶名及产地,作为当地特产吸引博学的品茶专家。散茶当然一直都有,但茶饼更适合长途运输,得以将偏远地区的茶输送到国内最好的市场。这一事实揭示了茶叶贸易的跨地域性:远离产地的地方消费着这些产品,人们饮用从未到过之地出产的茶,茶的宗教与文化面向也和茶叶销售交织在一起。


## 茶、酒及汤药


本书在研究茶的历史轨迹时,还将从茶与其他饮品,尤其是酒和各种流行汤药的相互竞争角度入手。例如,唐代茶的兴起,可谓是南方的饮品战胜了北方平原游牧民族曾经喜爱的饮品:马奶酒或酪。[27]我会用成书于530年的佛教文献《洛阳伽蓝记》中的一则轶事,来阐明这种饮品文化中的此消彼长。故事说的是,有个叫王肃(464—501)的人从故国南朝齐(479—502)逃到北魏(386—534)为官。起初,他无法接受当地的饮品"酪浆",只喜喝茶——当时叫作茗汁(我们会在下一章探讨"茗"字)——据说他一次能喝一斗。几年以后,他习惯了北方的生活,已经能喝酪浆了。北魏皇帝问他:"茗饮何如酪浆?"王肃风趣地答道:"唯茗不中,与酪作奴。"[28]有趣的是,一心向佛的梁武帝(465—549)颁布了著名的《断酒肉文》,也禁止僧众食用乳、蜜、酥、酪。[29]因此，无论是对各种动物产品的态度，或是后来为茶背书，可能都有佛教因素在内。[30]

尽管茶与乳有过短暂的竞争关系，但茶和酒之间的紧张关系更为持久。在中国，茶往往与酒相对，一阴一阳。例如，在药物特性方面，人们认为酒性热，而茶性凉。如前所见，茶被描述成能予人安慰，缓解各种不适（如渴、累、病、苦）。而酒尽管有诸多优点，却被说成能导致上述所有不幸。后面我们会看到，佛教禁酒，但对茶却青睐有加。

在传统中国，茶和酒都被审美化，二者都影响了文学和艺术的语言。"酒"一般译作"wine"，但它通常是低度酒或类似的饮品，在古代文学中被赋予了各种道德特质。[31]人们以酒互赠，后来又互馈以茶。无论醉人的酒，或提神的茶，都有相似的品鉴文化。酒和茶都曾被比作仙人施予的甘露，这种说法只是一种修辞，抑或它们反映了人们觉得茶和酒在某种程度上是通往其他世界的大门？

从酒到茶的文化转变无疑非常重要，但在封建时期，茶的竞争者不仅有酒，还有其他许多补药和汤：其中一些滋补品，如人参、黄芪等一直饮用至今。很有可能每位研究古代中国的学者都熟悉风靡一时的矿物药——著名的"寒食散"，而对为数更多的流行的植物性滋补汤药却不太了解。[32]因此我们必须理解，茶的兴起绝不是一个显而易见或毫不复杂的过程，其实它不得不在一个有时充斥着其他产品的市场找到一席之地。

### 被赋予"养生"符号的茶

作为中国第一种广泛传播的药用物质，茶所到之处可能会取代（或涵盖）当地的知识和物质。例如，宋代以及后世的禅宗文献中经常出现"茶药"一词(指茶药一物或茶和药)。[33] 可以肯定,自中唐以来,茶被佛寺和其他地方誉为"养生饮品"。所谓"养生"即增进健康而非治疗疾病,[34] 要理解这种论断,我们必须结合一个更大的养生12 理想与实践的背景。世俗社会中以茶当药的一个例子是用茶漱口——诗人苏轼(1037—1101)即曾提及这一习俗。[35] 一千多年后,毛主席每天早晨用茶漱口(据其医生说,毛患有严重牙疾)。[36] 这种做法并非完全徒劳无功,因为茶实际上含有氟化物。[37]

现在绿茶有益健康的说法从四面八方向涌来,可能难以相信古代中国曾有人宣称茶其实不利于健康,[38] 但南宋人林洪在其食谱书《山家清供》(上文曾引述)中特别指出,备茶不当有害健康。[39] 后文中我们会讲到,古时曾有人警告,过量饮茶会导致"腹水肿"或使人像青蛙那样肿胀。813 年,斐汶被任命为湖州(主要的产茶区)刺史,在其《茶述》中他明确反对饮茶有害论:"或曰,多饮令人体虚病风。余曰,不然。"[40]

元末贾铭(生卒年不详)在其饮食学著作《饮食须知》中谈到:

> 味苦而甘,茗性大寒,性微寒。久饮令人瘦,去人脂,令人不睡。大渴及酒后饮茶,寒入肾经,令人腰脚膀胱冷痛,兼患水肿挛痹诸疾。尤忌将盐点茶,或同咸味食,如引贼入肾。空心切不可饮。同榧食,令人身重。饮之宜热,冷饮聚痰,宜少勿多,不饮更妙。[41]

由此看来,茶在健康领域的功用无疑有待商榷,我们不应认为传统中国一直视茶为健康的选择。在后面的章节中,我们将结合这13 类对于过量饮茶、在茶中掺杂其他物质的批评,探讨不同作者赋予茶的积极作用。

### 何为"宗教与文化商品"?

我们为何又该如何把茶作为具有宗教和文化意蕴的商品来探究？或者说，近代前的中国人如何理解他们种植和饮用之茶的性质？让我们先想象茶作为商品或饮品如何在宗教、文化背景下存在或发挥作用。例如，茶可以用来表达教义或观点，可以体现宗教性。信仰宗教者可以用茶积德，如以茶供佛，以茶为祭。茶可以滋养逝者，也能让香客解渴。茶还是沟通人世与其他世界，人与鬼神的媒介。喝茶令人飘飘欲仙、不昏不寐，这些都可以解读为具有宗教意义。加工过的茶，无论是散茶或饼茶，都是适合文人与僧侣互赠的礼物。我们会看到，茶在传统中国发挥了上述种种作用。

因此，我们将在书中思考作为日常饮品，同时又以各种方式——通过诗歌的暗示，令人思绪驰骋的名称，与圣人、圣地的联系，等等——指向日常以外的茶。在更普通的层面上，前近代的中国人在饮茶时有何期望？他们认为茶能止渴、怡情、益思、除烦、悦志，这些想法从何而来？如何表达？

迄今为止我提到茶的许多文化与宗教面向，在如今的中国（以及之外的地方）依然历历可辨，不过它们最早出现在中古时期——这是中国宗教史上非常具有创新性的时期。几乎可以肯定，唐代人们不是简单地、不假思索地便开始喝一种名为"茶"的新饮品，而是从一开始便赋予茶、茶树及茶叶以深意。因为在封建中国很难将一种没有文化渊源的新品推出，因此茶必须是古已有之。为此茶叶的推崇者为其提供了悠久的历史与合理的、令人印象深刻的谱系，即便茶的起源实际上可能相当模糊不清。

文人学者们除了声称茶发轫于远古（译者注：本书中，大致可以

14 认为，作者将从炎帝到夏、商、周三代视为中国的远古时期。），还利用佛教机构和佛教思想为茶张目。他们得以如此，是因为中国的佛教徒早已用语言或其他方式，表明和饮酒相对的饮茶是他们特有的文化活动。尽管后世不惜为茶耗费笔墨的作者不一定都信仰佛教，但事实证明这一说法难以消除。即便茶与佛教的联系没有公开宣称，但佛教元素一直存在于茶事艺文。例如，唐代"茶神"——《茶经》作者陆羽的个人经历中一直有佛教思想、佛教机构与佛教人物的身影。许多茶诗中有细致的佛教场景，一些茶书也和佛门大有关联，在记述最好的茶叶时不断提及重要的寺庙或僧侣。有趣的是，由此可认为，在艺术史学者柯律格（Craig Clunas）所谓的在中国"品位的发明"中，佛教似乎至关重要。他这样解释品位扮演的角色：

> 因为如果文化资源的不平等分配为社会分层所必需……如果这些文化资源完全是商品，所有拥有相应经济能力的人都可以购买，那么靠什么来防止文化和经济层级崩塌、混淆，直到富人即文化人，文化人即富人？这时作为消费基本的正当因素，和防止市场力量将看似不可避免地获胜的成序原则，品位就开始发挥作用了。[42]

尽管茶的品鉴常常与佛教思想、机构与人物密切相关，但道教观念也占有一席之地。许多中古茶诗、茶文都特意提起道教神仙。中古中国最为人知的茶诗之一是卢仝（795—835）晚年所作的《走笔谢孟谏议寄新茶》，俗称《七碗茶歌》，[43] 诗中充满了道家意象，尤其是最著名的几句：

> 一碗喉吻润，两碗破孤闷。
> 三碗搜枯肠，唯有文字五千卷。

四碗发轻汗,平生不平事,尽向毛孔散。

**15**

五碗肌骨清,六碗通仙灵。

七碗吃不得也,唯觉两腋习习清风生。

蓬莱山,在何处?

玉川子,乘此清风欲归去。[44]

《七碗茶歌》一直为世人传颂,其中英文版本常为人引用。它把茶描述为能改变身心状态的灵丹妙药,从解渴润喉到破除孤闷,再到消除过去的不平事,最终,茶令饮者与神灵沟通,去往传说中的道家天堂蓬莱。

这首诗表现出茶文化作品的许多共同点:饮茶的实际(生理)功效(解渴、除烦、提神、养身)与宗教愿望和意象(消除过去的苦难、净化肉体、和仙人一起飞升仙境)相互交融。[45]茶的这种双重性——世俗的与非世俗的——是我们查阅文献资料时一再看到的特点。也许中国的宗教与文化背景下的"饮茶"类似于西方传统中的宗教术语"领圣餐",我们会发现,它与基督教传统中面包的宗教意义有许多有启发性的共同点。[46]

在唐代,茶不仅是一种日常生活中的商品,皇帝也常赐茶给臣下以示恩宠,或由上级赠予下级以表肯定,或作为同僚互赠的正式礼物,或成为亲朋好友之间表达情感的方式。[47]了解茶作为礼物的象征意义有助于我们理解诗歌、绘画、文本和工艺品等文艺作品产生的背景——例如,卢仝的诗,上文我们引用了其中一些诗句,就是为感谢孟谏议派人送来上品好茶而作。既然此诗是为了表达作者对礼物的赞美之情,我们该如何理性评判诗人用高立意以描述此佳茗? 或许他对茶如此盛赞只是为了恭维赠送者,但即便如此,他主要依靠宗教意象赋予茶以价值,这一点还是有意义的。

图 1.1 　《卢仝煮茶图》，传为钱选（约 1235—1307）作

　　无论我们如何解读个人的文学作品,饮茶的兴起无疑带来了中　17
国文化的重新定位。茶的消费重构了社会生活,相约户外饮茶很快
成为一种符合"社会规范"的习俗。与咖啡(一种类似的社交性饮
品)一样,饮茶的发展也与近代中国早期城市化的发展齐头并
进。[48]虽然饮茶可以非常随意,但有时也可以高度仪式化。不同社
会地位的人在公共场合聚在一起喝茶,显然需要某种礼节,以确保
不会出现尴尬局面。旨在规范僧侣行为的寺院清规是最早制定饮
茶礼节(或将其仪式化)的文本之一,然而我们会看到,宋代寺院清
规中描述的茶礼并不是全新的发明,而是对更早时候国宴上文武百
官必须遵守的礼仪规范的改编。[49]

　　佛教茶礼的发展是一个有趣的例子,它表明佛教礼仪的制定不
一定出于教义的考虑,而是有其社会/文化/物质的原因。对中古晚
期与近代早期(大致为唐宋时期)的中国僧侣而言,茶是一种新事
物,在佛教典籍中无从查证。它既是一种超脱尘俗的祭祀用品,用
来供养神佛,又具有社会润滑剂的世俗功能,因此需要仔细地规范
和控制。[50]

　　诚如中国寺院清规戒律的制定者与编写者所深知的那样,社交
性的饮茶活动可以聚合同好,加强寺院内部以及与外界的联系。通
过一起啜茗,僧人与其文人施主结为茶侣;通过互赠珍稀茗茶,僧人
和官员建立并巩固了社会关系网。唐宋以降,饮茶就被视为佛教
"普度众生"的一个方面,我们知道,无论是在中古中国或后世,普度
众生都很重要——众人一起受戒、居士们每月的斋戒、节日等现象,
以及梁武帝、女皇武则天(690—705 年在位)等统治者对佛教的宣传
都反映了这一观念。[51]尽管正式的寺院茶礼实行等级划分,但在一
些非正式的聚会场合,文人和僧侣们都提到,随着一杯热气腾腾的
茶入口,世俗的身份地位之别暂时消弭了,实际存在着没有等级结
构的生活。居士团体也因给香客和其他人施茶送汤的善举结成新

的会社。

18　　对茶礼的简要回顾是为了提醒读者,本书不仅论及茶叶种植和加工,还涉及如何正确饮茶。与饮茶、供茶礼仪相关的是茶器茶具的神圣性,根据陆羽的《茶经》,这些器物就是供制茶、饮茶之用。[52] 中古茶文化的精细和健康发展,从早在 8 世纪已有各种有特定用途的茶器具上可见一斑,[53] 我们可以通过考古发现和文学作品了解这些器物及其功用。由于茶具是个专门的研究领域,我不打算全面论述该领域的发展,只是顺便举一些相关的例子。

　　提起东亚茶的宗教和文化面向,人们首先想到的可能是日本而非中国,因为日本茶道声名远播。“茶之汤”(Cha-no-yu)出现于 15 世纪的日本,尽管它其实源自宋代点茶法,但 1523 年之前不见关于茶之汤的记载。[54] 与中国的茶文化相比,茶之汤是一个相对较晚的现象。由于本书研究的是中国茶,因此对日本茶史的叙述只是点到为止。无论如何,审慎的做法是避免采用目的论的方法,不把日本茶道作为逻辑上中国茶文化的产物,而是视其为特定时空中的文化产物。尽管如此,鉴于日本茶道在全球认知中的突出地位,我们有必要简要论述茶之汤(词语本身及实践)的根源,它的根在信仰佛教的国度——中国。[55] 该词来自禅宗文献;在 16 世纪以前,茶道被称为“茶之会”(cha-no-e)或“茶之寄合”(cha-no-yoriai)。它显然是取法佛教文献中的 chatō(汉语为“茶汤”)一词,但后者是把“茶”与“汤”合在一起形成了一个并列式而不是偏正式的合成词。Chatō/茶汤一词早已出现于中文文献,例如译经家义净大师(635—713)在其关于三种水的短文中即曾使用。[56] 后文我们将详述日僧荣西的《吃茶养生记》,其书中的 chatō 肯定是指“茶之汤”(decoction of tea),因为他用并列的“桑汤”(sōtō)指用桑叶煎煮的汤。

　　兹另举几例,说明日本茶道包含了佛教元素。茶道所用的茶室通常是四个半榻榻米大小,每个榻榻为 3 英尺×6 英尺,组合起来成

为一个每边长 9 英尺的正方形区域,这是在模仿中日都很推崇的维 19
摩诘居士的"丈室"。[57]据《维摩诘经》讲,维摩诘是古印度毗舍离的
一个富翁,住在一间纵横仅十笏的斗室里,他对大乘佛教的教义有
着深刻理解。[58]某次维摩诘称病,佛陀派其大弟子们去探病,维摩
诘向他们解释了诸法性空的无上智慧。茶室暗指这样的佛经故事,
表明了茶人相聚是严肃认真的事情。但发展到后来,日本历史上的
茶会常常不只是在神圣的空间品茗论艺,也有寻欢作乐的事情发
生。[59]因此,我们会面对这样具有讽刺意味的一幕:茶浸泡在佛教
的故事里,却产生了非佛教的声色活动。

从东亚宗教和文化的视角来考虑茶叶的饮用时,产生的一个问
题是谈论"茶道"是否有意义。"茶道"一词最早见于封演的《封氏
闻见记》,这是重要的唐代茶史资料来源,后文仍将论及。但是,"茶
道"的意思是什么? 它会不会指茶事实践的某条途径? 谈到陆羽的
《茶经》时,封演写道,"于是茶道大行"。[60]没有信息显示这里的"茶
道"包含了什么要素或态度,封演很可能只是用形象的语言来描述
一种习俗的流行,其方式令人想起中国思想与宗教中的其他"道"。

如果唐代确有"茶道",那么这种"道"关注茶具、用水、饮茶方法
等实物,胜过关注精神活动,对唐代茶书与幸存文物的研究至少可
以印证此言不虚。从唐代诗歌中或许可以看到一种更注重精神或
更空灵的"茶道",这一问题将在后面的章节中予以探讨。[61]

## 小 结

现在我将介绍本书其余各章的内容,以及上述主题将如何展
开。第二章考察了现存文献资料,梳理了茶的早期历史(唐以前),
阐述了后世关于茶发乎神农氏的说法。第三章讨论了佛教思想、个

20　人和机构在唐代茶的发展过程中扮演的角色，特别指出佛教僧侣在试图改变人们对酒的态度中打了头阵，时人认为其中一些人促进了饮茶在全国范围内的传播。本书中，诗歌也是中国茶的文化、宗教维度研究的佐证。唐以前几乎没有茶诗，唐代是茶诗创作名副其实的爆炸期。第四章将聚焦唐代茶诗，既解释茶诗何以突然繁盛，又探索茶诗中的证据。

　　上文我们已提及"茶神"、世界第一部茶书的作者陆羽。第五章讲述了陆羽的生平及其《茶经》，特别提及他的宗教背景和对佛教的兴趣。第六章将茶的故事转向宋代，在当时饮品文化的大背景下探讨了茶的饮用，既着眼于僧侣的世界，也不忽视世俗城市文化的发展情况。如前文已指出的，日本移植了宋代茶文化的某些方面。虽然对日本茶的研究超出了本书的范畴，但第七章会推究、翻译《吃茶养生记》，为中国茶史提供有用的材料。第八章涉及封建晚期茶的宗教、文化史的持续发展，第九章则为本书的结论部分。

正如我在第一章中所言，中国茶的历史发端于780年左右陆羽《茶经》的刊印。我会在后面的章节里讨论陆羽的生活以及他如何撰写该书，但此处我们将论述《茶经》中一些说法的意义。因为原始资料的不可靠性和"茶"字作为术语的缺乏（我们将会看到，"茶"字是唐代的发明），为研究起见，《茶经》之前的一切均属茶的史前史。不过，780年前确实已有茶树，而且人们已经冲饮茶树的叶子，因此当唐代的作者述及茶时，他们无法将其描述成一种新的饮品：它必须有悠久的历史。本章将考察现存能反映茶的早期历史（唐以前）的资料，厘清后来创造的关于茶起源于远古中国的一些说法。

现在，一些流行的茶史材料常常把茶树的发现归功于神话中的帝王/文化英雄神农（传统上认为其统治时间为公元前2737—前2697），但实际上，就我们从早期零散的文献中了解到的情况来看，在汉（前202—220）以前某个时候的四川（中国西南），起初人们可能是为了消遣或医学上的原因养成了饮茶的习惯。虽然茶的利用逐渐传播到北方和东部，但是数世纪以来茶被认为主要是南方人的饮品——这令人回想起我们在前一章中看到的茶与北人之酪浆的比较。茶绝不是中国主流饮食文化的一部分，相反，它只是其他地方通常一无所知的地方特产。

22　本章考察的许多证据为文本形式，因为我们没有多少相关的实物资料或表现唐之前有关茶的艺术作品。我们不得不承认，文本证据不一定能准确地反映前近代社会人们的吃喝以及如何吃喝，面条在中国的历史就是一个例子。虽然研究文化与饮食的学者仔细阅读了现存的文本，但他们没有发现东汉（25—220）以前的原始资料中有任何关于面条的记载。然而，最近的考古发现了一只里面尚有面条的碗，这促使我们把面条的食用上溯至新石器时代（约 4000 年前）。[1]因此，在未来的某个时候，考古发现完全有可能存在压倒茶的文本证据。

除了研究这些原始资料，我们也应该思考为何陆羽和其他人能利用的古代权威资料并不多，他们仍付出那么大的努力来构建古代茶的历史。必然的，陆羽辑录于《茶经》的大多数史料不是引自中国文学遗产的正规主流——古代经典、官方正史等——而是来自比较边缘的逸闻轶事集、志怪小说、地方志和本草书（即利用动植物和矿物来维护身体健康的医方集）。陆羽不是试图为茶构建漫长历史的最后一人，实际上中国的历史学者至今仍宣称饮茶的历史非常古老。[2]毫无疑问，民族自豪感问题和现代遗产产业的压力有时使中国学者难以坦承对茶史前史的了解实际仍处于不确定的状态。

### 从"荼"到"茶"：唐以前对茶的称谓

在探讨原始资料之前，我们有必要简要说明为何唐以前的资料模糊不清，难以仰赖。主要问题是目前 tea 的标准汉字，即已使用成百上千年之久的"茶"字，在唐以前并不存在。唐以前撰写的文献用了一系列其他字来指称我们今天叫作"茶"的植物或饮品，但那些字并不专指茶，也有可能指根本不是茶的东西。"茶"字由另一个字"荼"去掉一画而来，早期的文本如《诗经》《楚辞》中都有荼字。虽然这些经典文献中的荼也有可能指茶，但更有可能指"苦菜"，如紫背草、菊苣或水蓼。[3]

22

另一部早期的中国文献《周礼》很有可能成书于西汉后期，它在"地官"篇中提及"掌荼"一职，其职责是按时聚荼以供丧事。[4]《神农本草经》是现存最早的完整的药典，成书时间可能上溯至公元1世纪，它也把"荼"视为苦菜。[5]不过荼也用来指茶树等木本植物，在其他资料里也能发现该词所指含糊性类似例子。例如，在解释词义的早期辞书《尔雅》中，荼的定义是"苦菜"，但是在"槚"（早期另一个对茶的称谓）的条目下又称"槚，苦荼"。正如黄所指出的，6、7世纪的文献用不同的木字旁的词来指称"茶"，可能说明了中古时期的文人学者试图区分木本的"荼"（即茶）和指苦菜的"荼"。[6]那么显而易见，即便早期人们已经饮用茶，它依然缺乏自己的名字。

至于茶字的使用，早期文献资料中指茶的字实则最初可能读作"荼"，因为在文本传播过程中区分荼、茶这两个字的那一画比较容易丢掉。而且，我们不得不谨慎对待那些现在看起来用了茶字，但是后来辑录于唐以后的大型官方丛书如《太平御览》（983）中的早期文献，因为到了10世纪"茶"已成为tea的标准汉字，那时候的抄写者很可能用"茶"代替了"荼"。[7]虽然可能会产生混淆，但我提到早期文献资料时都用公认的版本，即便在这些版本中"茶"字①有可能已被后来的抄写者替换成另外的字。

除了荼，文本中常用来指称茶的另一个词是"茗"。[8]在前一章中我们看到，《洛阳伽蓝记》里有段文字比较了茗与酪，其中提

---

① 疑为"荼"之误。——译者注

到南人王肃好饮"茗汁"，接着又说北魏朝廷里也有"茗饮"，虽然实际上它只受新近降魏的南方人的欢迎。茗字最初可能仅指晚采的茶叶，但是随着时间的流逝它变成茶的另一个同义词，尤其是在药物学文献中。郭璞（276—324）注《尔雅》，将"槚"（早期对茶的称谓）释为：

24

> 叶小如栀子，冬生，叶可煮作羹饮。今呼早采者为"茶"，晚取者为"茗"，一名"荈"。蜀（今四川）人名之"苦茶"。[9]

这段话最早描述了茶树及其叶子的利用，也指出饮茶习俗出现在四川，其他的文献资料也肯定了这一点。

苏敬等人编撰的《新修本草》于659年奉诏刊行，由此成为中国第一部得到国家支持的药典。该书为我们提供了更多关于"茗"字的信息：[10]

> 茗，苦茶，味甘苦，微寒无毒。主瘘疮，利小便，去痰热渴，令人少睡，春采之……作饮，加茱萸、葱、姜，良。[11]

根据物质的特征（利尿、消渴、有刺激性），我们可以推断出这段话描述的是茶。它被当作药用物质，要和其他材料一起煮成汤饮用。另一部差不多同一时期的本草著作《食疗本草》（约670），指出"茗"有一些相同的功能："茗叶——利大肠，去热解痰。煮取汁，用煮粥良。"[12]

在《食疗本草》的这一条目之后即为我在第一章中引用过的"茶"字条。虽然"茶"成了这一饮品的标准用字，唐以后的本草书继续用茗来指称茶，直到声名最著、阅读最广泛的《本草纲目》（1596）。[13]这里我们也顺带提一下本草书中推荐的茶的利用方法：

和其他药用食材如葱、姜一起煮成汤，或者作为粥（用粮食煮成，现在最常用大米）的底料。如第一章中所论，而且我们也会再次看到，陆羽有意识地提出他喜欢的煮茶方式，反对这些类似于煮药的做法，认为这样的茶无异于"沟渠间弃水"。

25

### 《僮约》与最早的茶之用

前文已提及郭璞如何解释《尔雅》中的"槚"字，这是现存最早的对茶树及其利用的描述，但是据说可能指茶的"荼"字最早出现在《僮约》，这个有名的故事反映了中国古人的幽默。王褒（活跃于公元前58年）想买下一个桀骜不驯的僮仆，他写的《僮约》用滑稽有趣的方式列举了这个僮仆的职责，[14] 其中包括为客人"烹荼""武阳买荼"。武阳是汉代的一个县，位于今彭山县东，成都南。虽然我们不能确定荼是否指茶，事实上一些学者对此持反对意见，但此处荼有可能指茶，因为根据描述它要从大约30公里远的地方买回来——这说明它是经过加工的商品（可能出于商业目的而加工）而不是"苦菜"。[15] 日本茶史专家布目潮渢说从武阳到成都步行大约需要4天，在这段时间里可能任何新鲜蔬菜都会枯萎，所以荼更有可能是某种干燥、便于携带的东西（如茶叶）。[16]

但是《僮约》中这两处提及茶的内容真实可信吗？或者它们是后来才被补充或修订到原文中？1942年，威尔伯（C. M. Wilbur）第一个提出这个问题。[17] 虽然许多中国历史学家认为这两句话毫无问题，但是意大利茶学学者马克（Marco Ceresa）试图明确它们是否确实出现在汉代。他指出，《僮约》的文本流传有许多问题，它们影响了用哪个汉字（荼或茶）来指称茶，或者在《僮约》中是否真的提到了茶。[18] 例如，现存最早的《僮约》出现在唐代百科全书《艺文类聚》

(约 640 年)中,它没有提及茶,篇幅非常短,而且也没有其他资料里所有的许多关键内容(如买卖的价格),因此这个现存最早的《僮约》不是最好或者最完整的版本。[19] 而《太平御览》(983)中的《僮约》只提到了"买茶",没有提"烹茶",并且它不合时代地用了"茶"字。总之,这两句关键的话里有许多不一致之处(在一些文本中"武阳"作"武都"),因此把《僮约》作为早期四川已利用茶的可靠证据是有问题的。

26　　说明《僮约》不可靠的旁证是,陆羽在《茶经》中没有引用过它。因为陆羽极其勤勉,尽可能多地搜罗了早期提及茶的史料,无论它们有没有实际意义。因此很难相信他知道《僮约》里说到了茶,却遗漏了它们。诚如马克所指出的那样,陆羽遗漏了的大多数已知确实提到茶的资料可以上溯至 3、4 世纪——比《僮约》要晚得多。[20]

即便真实可信,《僮约》中的两处内容也不能证明人们已饮用茶,它只不过是被"烹"或买而已。"烹茶"很可能指料理苦菜而不是烹茶,无论是"烹茶"或"烹茶"都不是后来的资料中用来指 making tea 的常用语。"买茶"的问题较少,它很有可能是一个可信的证据,虽然我们不知道茶用来做什么。

不过从其他原始资料可知,四川(尤其是在武阳一带)已植茶,所以早期的文献资料中提到茶的饮用也并非完全难以置信。《华阳国志》(347)记载了蜀国(大致相当于今四川)138 年前的历史,该书不仅提到了茶产地如武阳、涪陵,而且说茶是贡品。[21] 但《僮约》依然是有趣而不可靠的证据,无法证明中国西南早期的饮茶活动。

### 早期文献中的茶

我们先把不能确定的证据《僮约》放一边,接下来这个与茶有关、年代可考的证据来自《三国志》(约290年)。韦昭(204—273)是东吴(222—280)末帝孙皓(264—280年在位)统治时期的史学家[22],孙皓好饮酒,常常邀请韦昭竟日饮酒。韦昭不善饮,孙皓为了给他解围,密赐茶荈以当酒。[23]另一条提及茶的资料(陆羽《茶经·七之事》未引录)出自3世纪晚期西晋(265—316)张华编撰的志怪小说集《博物志》:"饮真茶,令人少眠。"[24]这句简短的话出现在"食忌"中。

至6世纪中叶,虽然茶的称谓仍没有固定,但是显而易见对茶树和茶作为饮品的特点已有一定的认识。例如,农学专著《齐民要术》(544)卷十中有两条独立的词条:荼(五三)和"梌荼(九五)"。[25]后者的引文来自(1)《尔雅》对"槚"的释义;(2)《博物志》,曰"饮真茶,令人少眠";(3)《荆州地记》,曰"浮陵茶最好"。尽管茶主要还是和四川联系在一起,但从这些资料可以看出,到6世纪中叶,中国西南地区以外的人们也越来越意识到茶的益处与特点。

虽然本草著作与地方志等专门文献中有零散的茶叶资料,但毋庸置疑的重点是,汉唐之间最杰出的诗文总集《文选》没有提到过茶。难以想象梁朝(502—557)太子萧统(501—531)编选的这部重要作品会没有注意到茶显著或广泛的应用。[26]从更广阔的文学领域里涉茶内容的缺乏,我们可以得出结论说,中唐以前茶还是稀有的食品。

正如我们所见,茶叶研究中早期文本材料的不确定性缘于唐以前对茶没有固定的称谓。那么证明唐代"荼"字变成了"茶"字的依据是什么?《唐韵正》的作者顾炎武(1613—1682)以碑铭为依据回答了这个问题:

27

　　　　愚游泰山岱岳唐碑题名,见大历十四年(779)刻"荼药"字,
　　贞元十四年(798)刻"荼宴"字,皆作"荼"……其时字体未变。
　　至会昌元年(841)柳公权书玄秘塔碑铭,大中九年(855)裴休书
　　圭峰禅师碑"茶毗"字,俱减此一画,则此字变于中唐以
　　下也。[27]

　　顾炎武在泰山发现一些碑文后得出的观察结论,看起来也适用
于唐代更多的史料:"茶"是中唐发明和采用的汉字。因为早期茶、
茗、槚等字所指的不确定性,我们可以说在某种程度上茶(既指茶这
一饮品,也指茶字)是唐代的发明。不过,陆羽和唐代其他书写茶的
人并不这样来认识他们喜爱的饮品的起源。我们将会看到,他们更
28 喜欢把茶的发现上溯至很古老的时期,而不是近世。陆羽没有用他
自己的话来叙述茶的发现,而是汇辑了早期文献资料中提到的茶
事,这是中古中国文人学者的典型风格。


## 文化英雄神农氏与茶的起源

　　我们首先来看陆羽《茶经·七之事》在梳理茶史时引述的一些权
威人物,我们会特别关注宗教相关的人物和材料的探讨。《茶经·七
之事》一开始就是一系列按年代顺序列举的与茶有关的名人,[28]其
中第一位是神话故事中的古代帝王炎帝,又名神农。在《茶经·六
之饮》中,陆羽又说饮茶始于神农氏。[29]虽然这一断言没有历史价
值,但事实证明它非常有生命力,现在一些通俗作品或网站,甚至是
非常严肃的学术著作,依然把神农尊为茶的发明者。[30]

　　谁是神农?为什么茶的发现要归功于他?唐代,神农被认为是
"三皇"之一,据说远古时代他们统治着中国。另一位常常名列"三

皇"的是伏羲,三皇中的第三皇则说法不一,有伏羲的妹妹女娲、燧人、祝融或共工说。韩禄伯(Robert Henricks)解释了神农的传说如何与另一位原本不同的人物,即炎帝的传说交织在一起,唐代的作者如陆羽等人正是把他们混为一人,即炎帝神农。[31]

把茶的发明归功于这位值得尊敬的文化英雄意味着什么? 正如韩禄伯已指出的,中古时期流传着许多托名炎帝/神农,但可能和当时流传的正统仪式不相符的文本。例如,保存在唐代文集《艺文类聚》中的《神农求雨书》主张在干旱严重时将巫者示众、焚烧,以求天降甘霖。[32]因此,在《求雨书》中神农反映了一段过往,那时候仪式活动比许多唐代文人学者可能愿意设想的更残忍、更直接。但是,尽管在唐代神农已被作为足够古老、英明,有能力首先发现茶叶的人,实际上他才刚刚从尘封的历史中走出。正如茶叶本身,神农的名字既不见于古代经典,也不在备受推崇的《左传》《国语》《楚辞》《论语》《山海经》等著作中。《墨子》可能暗示了神农的存在,但要在战国晚期和汉初的著作——如《孟子》《吕氏春秋》《周书》《礼记》《淮南子》等书里神农的形象才真正鲜明起来。葛瑞汉(A. C. Graham)从这些材料中辨识出一个哲学派别,他名之为"农家"。神农是农家学派的英雄,是"太太平平地统治农人国度"的帝王。[33]不过很明显我们关心的不是神农哲学的一面,相反我们必须把他看作农业的守护神和发明者,古代的文化英雄,是他首先教会人们耕地、播种、收割的基本技能,并分辨出哪些植物人们可以放心食用。下文是对神农的典型描述,出自反映汉初思想的重要文集《淮南子》(约前139)中的"修务训":

古者,民茹草饮水,采树木之实,食赢蚌之肉,时多疾病毒伤之害,于是神农乃始教民播种五谷,相土地宜燥湿肥硗高下,尝百草之滋味,水泉之甘苦,令民知所辟就。当此之时,一日而遇七十毒。[34]

这样的神农是代表人类亲自品尝、试验百草的具有英雄气概的先驱，正是陆羽会选作茶叶发现者的人。如韩禄伯所说，我们从《淮南子·修务训》中看到了一种趋势的开始，这种趋势表现为"挑选草药并为其分类的神农形象盖过了早先播种'五谷'的农人形象"。[35] 在《茶经》和其他文献中，茶也经常和治病相连。唐代，神农的治病能力被认为是由太一神赐予的，《本草经》载："太一子曰：'凡药，上者养命，中药养性，下药养病。'神农乃作赭鞭钩𦯐制。"[36]

神农与茶之间的逻辑联系可能是基于这一事实：茶是一种对身心有长期有益影响的药物，这一点我们能从陆羽《茶经·七之事》引用的第一个文字资料来源《神农食经》中看出："茶茗久服，令人有力、悦志。"[37]这部《食经》到底是什么？它如何与神农有关？《汉书·艺文志》著录了《神农黄帝食禁》七卷，但原书已佚。[38]从书名来看，这是首次把神农和中国医学的一个分支"饮食"联系在一起。[39]后来的文献提到了《神农经》，它可能是著名的《神农本草经》的前身，后者最早出现于隋唐官方正史的"经籍志"中，是目前已知中国最早的本草著作。[40]

《神农食经》可能与《神农本草经》有关，虽然陆羽把它们当作两部书。该书现已失传，仅有部分引文见于《茶经》以后的以及转述其中涉茶文字的著作。《茶经》中出自《神农食经》的引文不见于任何更早的文献，假如将它视为确实曾经存在的独立著作，那么也没有证据证实它是真正的早期文献。但如我们所见，陆羽的《茶经》令人信服地把茶和一位文化英雄联系在一起，这位英雄是关于农业和医学起源的神话传说中的重要人物。有趣的是，陆羽似乎是第一个这样做的人，但他绝不是最后一个。

虽然陆羽竭力证明茶是非常古老的饮品，唐代的其他文献资料

中也有不同的声音提出茶不同的发展历程，尽管这些说法不太为现 31
在的读者所知。据9世纪中叶杨晔所撰之《膳夫经手录》，饮茶风俗
迟至六朝时期（3—6世纪）方始出现，绝不是陆羽所声称的早在神农
时期。而且杨晔认为780年后茶才盛行起来，稍晚于陆羽提出的8
世纪上半叶：

> 茶，古不闻食之。今晋、宋以降，吴人采其叶煮，是为茗粥。
> 至开元（713—741）、天宝（742—755）之间，稍有茶，至德（756—
> 757）、大历（766—779）遂多，建中（780—783）以后盛矣。[41]

甚至后世的学者也不总是毫无异议地接受陆羽提出的关于茶
之起源的神话故事。17世纪的饱学之士顾炎武，前面我曾提起他对
茶史的兴趣，在其《日知录》中说"自秦人取蜀而后"（即公元前316
年后）才有茗饮之事，把茶的发现定于战国时期，而不是远古时
期。[42]但是，虽然存在着以中古时期社会经济现实为根据的关于茗
饮兴起的记载，它们却无法与陆羽《茶经》和类似文献中关于茶起源
的浪漫神话故事相匹敌，后者在中国依然被视为关于茶之发端的权
威历史。

### 中古志怪小说中神秘的茶

《诗经》以述及古代中国种植、利用的近乎所有植物而著称，但
没有类似于茶的植物出现在这部经典作品中。[43]因为《诗经》等典
籍中没有令人印象深刻的合适话茶文字可以引用，陆羽在为茶的种
植与消费寻找历史源头时除了求助于非经典的文献资料外，可能几
乎别无选择。我们无法每一次都确切地断定陆羽收集的唐以前的

32　资料指的是什么植物或饮品，但我们可以肯定，他希望这些材料被理解为指涉茶。如果我们去细思陆羽通过按时代顺序胪列原始材料而构建的茶史，就会发现一个有趣而意外的图景。我们已看到陆羽在茶的编年史中如何利用文化英雄、农业和医药的守护神神农，但他也收集并援引了许多逸闻轶事——其中的一些来源相当模糊不清——它们对中古中国宗教的研究者而言非常有趣。从《茶经》中我们看出，茶不仅是一种因其药理特性而受到推崇的古老饮品，而且也是有着神秘力量，和令人思想的神仙、妖魔、鬼魂、巫女有密切关联的饮品。陆羽向其同时代人介绍的绝不是一种中庸或温和的东西，而是和其他世界有着神秘、有趣的联系的物质。

在《茶经·七之事》中，有一类非正式的、逸闻轶事性质的材料尤为引人注目，即志怪小说。中古中国的早期出现了许多志怪小说（它们叙述与神仙鬼怪的奇遇，奇人异士的灵异，奇怪的地方与事物，等等），[44] 陆羽显然有机会阅读一些志怪小说，能从中引用各种涉及茶的内容，茶出现的那些场合不同寻常，有时甚至十分离奇。他选择的轶事表明茶的话语空间远远延伸到了世俗世界之外。

《茶经》中引用的原始资料说明对茶的渴望不限于活人，例如，陆羽从中古早期的志怪小说《搜神记》中引述了一个故事，它说的是有个鬼甚至死后仍想喝茶。[45]

> 夏侯恺因疾死。宗人字苟奴察见鬼神。见恺来收马，并病其妻。著平上帻，单衣，入坐生时西壁大床，就人觅茶饮。[46]

该故事的简化版也见于宋初百科全书《太平御览》的"茗"字条下：《晋书》曰，"夏侯恺亡后形见，就家人求茶"。[47] 但其实《晋书》中并无此记载。

死者——尤其是那些没有意识到自己已死的人——会延续生

前的习惯与欲望，这一看法或许有几分逻辑性。实际上，鬼的日常 33
生活是中国志怪小说共同的主题。[48] 不过，茶树与被认为居住在山
野中的鬼怪之间的联系可能不那么直接与明显。在这个主题上，陆羽
从后来的一部著作《续搜神记》——《搜神记》的续作中引用了一段具
有启示性的记载，据说故事发生在晋武帝(265—290 年在位)时期：[49]

> 晋武帝时，宣城人秦精，常入武昌山采茗。[50] 遇一毛人，长
> 丈余，引精至山下，示以丛茗而去。俄而复还，乃探怀中橘以遗
> 精。精怖，负茗而归。[51]

陆羽引述的这个故事和我们在今本《续搜神记》(更常叫作《搜
神后记》)中看到的不太一样，它出现在该书的第七卷。在今本《续
搜神记》中，这个故事发生在大约一百年后。因为《搜神后记》是按
主题编排的，所以它和其他遇鬼遇怪的奇闻逸事一起出现。[52] 兹录
《搜神后记》中更详细的故事如下，以资比较：

> 晋孝武(372—396 年在位)世，宣城人秦精，常入武昌山中
> 采茗。忽遇一人，身长丈余，遍体皆毛，从山北来。精见之，大
> 怖，自谓必死。毛人径牵其臂，将至山曲，入大丛茗处，放之便
> 去。精因采茗。须臾复来，乃探怀中二十枚橘与精，甘美异常。
> 精甚怪，负茗而归。[53]

虽然这两个故事略有不同，但它们都突出了这个奇特的生
物——貌似人，但却异常高、多毛、不会说话——作为秘密茶丛守护
者的身份。康帕尼(Robert Company)简略地提到了中古志怪小说中
"在城乡以外的荒野遇到的毛人——中国的'野人'，有时他行为高 34
尚，但这只是让他显得更为古怪"。[54] 这种山中野人也有可能和居

住在山区、喜欢人类女性的猿的故事有关，这类故事最早流传于汉代的四川。[55] 我们在思考秦精发现了和我们相平行的另一个现实世界时，不应忘记《搜神后记》中还有一个版本，即后来因陶渊明（365—427）而家喻户晓的桃花源的故事。[56] 围绕着野生茶树出现了奇异的、半人半怪者居住的其他世界的氛围，它盘旋不去，甚至延续至茶叶商业化种植与采摘的时期。

此处要探讨的另一个故事是陆羽引自刘敬叔（活跃于5世纪初）《异苑》的一则奇闻逸事，虽然它和《异苑》中公认的版本不同。[57] 这则故事再次表明有时茶获之不易，它和强大的力量相连，或者受其保护。在这个故事中，主人公献上的佳茗抚慰的是亡者之魂：

> 剡县陈务妻，少与二子寡居，好饮茶茗。以宅中有古冢，每饮辄先祀之。二子患之曰："古冢何知？徒以劳意。"意欲掘去之，母苦禁而止。其夜，梦一人云："吾止此冢三百余年，卿二子恒欲见毁，赖相保护，又享吾佳茗，虽潜壤朽骨，岂忘翳桑之报。"及晓，于庭中获钱十万，似久埋者，但贯新耳。母告二子，惭之，从是祷馈愈甚。[58]

让我们先梳理一下故事的逻辑。鬼魂——既不是陈务妻也不是其儿子的亲戚，因此本不指望获得他们的祭品——用钱回报了陈务妻的善良。她的善良体现在什么地方？她把鬼魂当作家人，飨之以她和儿子都喜欢的茶茗，因此一个屋檐下的死者与生者一起享用好茶。如鬼魂所言，陈务的妻子保护了他，而且她阻止了儿子掘其坟墓，他就像一家之男主。正如该故事想表明的那样，年轻的寡妇把茶用在仪式/祭祀中，茶的这一用途虽然后来变成了佛教的重要仪式，但它首先出现在非正式家庭层面的宗教信仰中，尚未上升到比较完善的制度层面。

除了该故事，对于唐以前的中国，茶在仪式/祭祀中的运用我们还知道些什么？陆羽提供了一个发生在中古时期长江上游的有趣的事例：

> 南齐世祖武皇帝遗诏：我灵座上慎勿以牲为祭，但设饼果、茶饮、干饭、酒脯而已。[59]

《茶经》没有指明这段简要记载的出处，但它似乎引自官方正史《南齐书·武帝本纪》中记载的一道诏书。[60]除了知道即便皇室祭祖茶也是合适的祭品，我们难以从中推断出更多的信息。

但鬼神精怪，如陈务妻家的亡魂，保护的不仅仅是野生或人工种植的茶树。陆羽《茶经·七之事》揭示出，茶作为商品也和其他世界相关联。他说到了一个在市场卖茶的神秘老妪的故事，其出处为寂寂无闻的《广陵耆老传》。该书现已失传，其他文献里也很少引用：[61]

> 晋元帝（317—323 年在位）时，有老妪每旦独提一器茗，往市鬻之，市人竞买。自旦至夕，其器不减。所得钱散路傍孤贫乞人，人或异之。州法曹縶之狱中。至夜，老妪执所鬻茗器，从狱牖中飞出。[62]

此故事显示了志怪小说中常见主题的有趣转变：修为高的术士常常装作普通人，或者如这个故事里的商贩，小心翼翼地隐藏他/她的异能。[63]它可能被用来暗示在市场售茶十分普遍，不值一提，但与此同时，老妪利用茗器（可能是葫芦，而不是金属器物或陶器）飞出牢房，可能指向茶与飞翔之间的更深层而神秘的联系。唐代诗人

36

也提出过相似的联系,如卢仝作诗曰茶能使饮者羽化登仙。

### 茶与道教神仙

另一部神怪故事集,道士王浮(活跃于约 300 年)所作的《神异记》,记录了最早的道教与茶的联系。[64]不幸的是,这部书已荡然无存,只能通过其他文献(如《茶经》)中少量简短的零散引文获知一二:[65]

> 余姚人虞洪入山采茗,[66]遇一道士,牵三青牛,引洪至瀑布山曰:"吾,丹丘子也。闻子善具饮,常思见惠。山中有大茗可以相给。祈子他日有瓯牺之余,乞相遗也。"因立奠祀,后常令家人入山,获大茗焉。[67]

在本书后面的章节中我们会看到,陆羽及其同道有目的地构建了有关茶的很有影响力的新思想体系,它糅合了佛道的观念与人物,把古代的原型纳入新的文化模式。这段简短的记载让我们得以考证这一过程的某些方面。丹丘子,虽然名字让人产生联想,《茶经》也把他当作汉代仙人,但其实他几乎不见于唐以前的文献。不过,与陆羽同时代的人显然对这位道教茶道大师的名字及其与茶的联系都很感兴趣。陆羽的朋友,诗僧皎然(730—799)在其《饮茶歌送郑容》中写道,"丹丘羽人轻玉食,采茶饮之生羽翼"。[68]在另一首诗《饮茶歌诮崔石使君》中他又说,"孰知茶道全尔真,唯有丹丘得如此"。[69]而且,皎然很明确地把丹丘子与一个具体的地点相连,在诗歌序言中他述曰:"《天台记》云,'丹丘出大茗,服之羽化。'"但其实我们现在见到的《天台记》里没有相关记载。

唐诗里提及丹丘子时不尽与茶相关。著名诗人李白（701—762）有《西岳云台歌送丹丘子》诗，诗中他用别名"丹丘子"指朋友元丹丘，这首诗中丹丘子与茶没有关系。

我们该如何理解"丹丘子"这个名字？标准的参考书经常解释说丹丘是天台山的山峰之一，但它所指称的对象很可能不止一个。最早提及丹丘的为《楚辞》中的《远游》："仍羽人于丹丘兮，留不死之旧乡。"[70]后孙绰（314—371）作《游天台山赋》，特意袭用名句："仍羽人于丹丘，寻不死之福庭。"[71]2 世纪王逸注《楚辞》，曰"丹丘，昼夜常明也"。[72]

重要的道教作者陶弘景（456—536）也把茶与丹丘子相连。在《名医别录》中，陶弘景写道，"茗茶轻身换骨，昔丹丘子、黄山君服之"。《茶经》也引用了这句简短的话，但文字稍有不同。[73]因此简而言之，皎然的"丹丘羽人"无疑典出这些更早时候谈及丹丘、丹丘子和茶的诗文。无独有偶，卢仝在写著名的七碗茶诗时也吸收了以前的传统，把茶作为能使人成仙——即轻身换骨的药物。

很难说单道开（4 世纪中叶）是佛教徒还是道教徒——虽然其传记出现在《高僧传》中，但该传也把他塑造为一个对饮食和长寿感兴趣的人，因此把他放在此处和其他有类似兴趣的道士一起讨论或许最可行。无论如何，陆羽记述的单道开茶事不是引自某部宗教文献，而是《晋书·艺术传》：

> 敦煌人单道开，不畏寒暑，常服小石子。所服药有松、桂、蜜之气，所馀茶苏而已。[74]

谁是单道开？为什么要对他的饮食感兴趣？最早完整叙述单道开生平的是宣扬佛教神异的故事集《冥祥记》，5 世纪晚期王琰（约生于 454 年，活跃于 5 世纪晚期至 6 世纪初）撰。[75]《冥祥记》多处提及单道开的饮食习惯，但没有明确说其饮茶。文曰：

> 欲穷栖岩谷，故先断谷食。初进面，三年后，服练松脂。三
> 十年后，唯时吞小石子。石子下，辄复断酒脯杂果。体畏风寒，
> 唯唠椒姜，气力微弱，而肤色润泽。[76]

传记（可能利用了多种资料来源）后文又说，"绝谷七载，常御杂
药，药有松脂茯苓之气"。

据说单道开活了一百多岁，死后露尸山林，自然干枯。这些成
就解释了传记为何对其饮食感兴趣。单道开服食特殊的食物（尤其
是矿物），这些传记仔细地记录了他吃的东西（辣椒、生姜、松脂等
等）。但是正如我们所见，文献资料并不总是把茶包括在他的饮食
之内。因此，《茶经·七之事》提起单道开，说明陆羽有意把茶饮与
一个修习长寿之道的名人相连，即使文献资料几乎不足以支撑这一
说法。

我们能看到，说明仙人与茶有关联的证据是零零散散的，但我
们能从陆羽、皎然等作者身上发现有意将二者相缭接的趋向。陆羽
以及 8 世纪的其他文人学者，如我们将会在第四章中探讨的那些诗
人，通过某种方式有意识地把宗教和文化价值引入他们所描述的
茶，这一趋向正是这种方式的重要组成部分。茶不仅仅是对饮者个
人有短期影响的饮品，而且能逐渐改变整个社会。

**作为佛门饮品的茶**

我们知道，有些文献指出 8 世纪时佛教与茶已建立关系，但是中
国的佛教徒在多大程度上是茶的"早期利用者"？我们通常通过经

典著作了解佛教社会史和文化史,实际上这类文献中并无僧侣饮茶的证据。关于佛教传布的文献汇编,例如《弘明集》《广弘明集》,百科全书如《法苑珠林》,乃至佛经目录《开元释教录》都没有提及茶。事实上,只有在佛家经典以外的著作,如《茶经》中才可能找到早期关于佛门茶事的逸闻。

虽然到目前为止本章所关注的多为茶的特殊功用——作为长生不老药或半神奇半普通的物质——陆羽引述的一些事例只说明了宗教人物的日常用茶,《茶经》从《续名僧传》中引用的刘宋僧人法瑶小传就是这样一种情况,从文中我们只知其晚年饮茶。[77]

另一则刘宋轶事中既有僧人,又有统治阶级,从中我们可以看出对茶的审美情趣的最早迹象。在故事中,王公贵族去拜访当世高僧(又叫"道人",当时普遍用来称呼佛教僧侣),然后在喝完茶后对茶超脱尘俗的滋味感叹了一番。这一幕在后来的茶事轶闻中成为司空见惯的事情,因此值得在此全文抄录:

> 《宋录》[78]:新安王子鸾[79]、豫章王子尚[80]诣昙济道人于八公山,[81]道人设茶茗。子尚味之曰:"此甘露也,何言茶茗?"[82]

在这短短数行中,茶史的某些重要方面值得一提。两位皇子不远千里去拜访僧人,而不是僧人去拜访他们,他们见面的地点是在山中。在山中和高僧一起饮茶的美学观念在唐代文学中受到众人关注,但在早些时候似已成形。在这段简短的叙述中我们也能看到他们在谈论茶时使用了宗教的语言,我们应该停下来好好思考中古时期"甘露"的多种意涵,在古代中国,"甘露"是一种非常具有象征性的物质。[83]《老子》曾云:"天地相合,以降甘露。"[84]天降甘露被视为因德治而出现的祥瑞,但甘露也是长生不老药,饮用后即得永生。甘露的这两个方面在 6 世纪孙柔之的《瑞应图记》中有鲜明的反映：

> 露色浓甘者为（或作谓——译者注）之甘露，王者施德惠则甘露降草木……又曰甘露者，味清而甘，降则草木畅茂，食之令人寿。[85]

在中古中国的绘画作品中，仙人接甘露不是用器皿便是空手。[86] 甘露的出现是国基稳固的标准征兆，因此中古时期的文献会煞费苦心地记上一笔，但是在佛经中也把 amrta 翻译成"甘露"，指能使神仙们不老不死的琼浆玉液，并引申开来常用以喻指佛法。或许甘露只是对茶的诗意别称，但是这一词背后的诸多联系确实指向赋予茶以最高的文化与宗教价值的趋势。

《茶经》里这些关于僧侣饮茶的只言片语几乎不能作为充分的证据证明佛门已普遍饮茶，但是它们也反映了后来对茶的美学和文化建构中的一些重要方向，即把茶作为需要和满腹经纶的僧俗大茶人一起品饮的珍稀饮品。

考虑到唐以前这些文献资料中茶的存在，我们该怎样理解很早的时候已发现茶，后来在 8 世纪时才四处传播茶这二者之间的延误？实际上，后来欧洲的咖啡很有可能也出现了类似的滞后。[87] 但是正如喝咖啡迅速风靡欧洲，中古中国城市人民的口味也急剧改变。[88]

### 小　结

我们已确定唐以前对茶的称谓极不固定，要想全面地叙述早期茶的发展，我们也不可能比陆羽做得更好。我们只知道一系列互不相干的事迹,其中大多数由陆羽写到了《茶经》里。陆羽没有涉及的资料,如《僮约》的真实性与可靠性仍值得商榷。而且,任何早期的文本证据常常都需要解读,因为我们不能确定它指的是什么植物、食物或饮品。各种本草著作可能是最可靠的信息来源,但是最终它们也没有告诉我们太多关于早期茶的社会现实。总的说来,最明智的是把茶视为唐代的发明,承认茶的史前史是一段不可能复原的故事。

由于经典著作中没有提及茶,陆羽不得不用不见于正统文学和官方正史的非古老材料来拼凑茶的历史。他宣称古代文化英雄神农是茶的发现者,这一步是大胆的,最后也获得了成功,但是仔细阅读可以利用的文献资料,会发现几乎没有证据能支持这一说法。

检视陆羽《茶经》中搜罗的资料可知,陆羽用了许多神怪故事来证实茶的历史。从这些故事中我们能看出早期茶与宗教人物的联系具有暗示性,但这些联系形形色色,相互不一。后面的章节中我们会看到这些是陆羽及其继承者编织到茶文化里的原材料,但是很明显,为茶提供了宗教维度的文化点金术是一个过程,它并不是到陆羽的时代才真正开始。接下来我们必须前行,看一看在此过程中佛教发挥的具体作用。

## 第三章　唐代的佛教与茶

　　8、9世纪,中国人的饮食习惯发生了不可逆转的显著变化:茶挤进了原本由酒独占的位置。虽然这一文化变迁显然是多种力量作用的结果,但是佛教僧俗站在了最前列,试图改变人们对这种成瘾性物质的态度,他们被唐代人视为将饮茶习惯传遍帝国的传播者。人们喝酒不仅是为了个人享受,也是为了礼仪及巩固社会联系,现在它在中国历史上首次面对一个有力的竞争对手。

　　正如我们在上文中已看到的那样,直到8世纪中叶,茶叶只是中国南方不太起眼的地方特产。但迨至9世纪末,茶叶已成为整个大唐帝国经济和日常生活的重要组成部分。僧人道士和南方的茶已有很长的渊源,但是在陆羽撰写了《茶经》和行脚僧传播了茗饮之后,茶文化才广为人知和欣赏。茶的日益流行最终促成了经济的发展,例如出现了茶商、榷茶、茶税,茶园也增多了。中古时期的文人学者为这一新饮品所动,称颂其有助于长时间的坐禅。他们也发现,茶能像酒一样为诗人提供灵感,而且它拥有药用价值。作为一种时尚而受欢迎的商品,茶不仅令人冷静、清醒,而且深深地影响了知识的网络和交流思想的方式。

中古晚期的中国文献既反映了对茶萌生不久的热情,也折射出对酒和其他成瘾性物质的危险的焦虑。本章将抽取各种不同体裁的文本,以便考察佛教思想是如何既推动了这一文化变迁,同时又受其影响。

在某种程度上我们可以把唐代社会对酒的态度视为划分佛教和本土传统的界线:佛教徒——出家人和俗家弟子——均立誓不饮酒,这一誓言构成其身份的重要而持久的一部分,即便有些人有时会破戒。[1]佛教徒对茶的态度则积极得多,虽然他们没有抹去佛教徒不可饮酒的禁令,但是他们果断地把文化话语从说明饮酒的负面特点转向歌颂茶的诸多益处。从 760 年左右陆羽撰写《茶经》到 780 年首征茶税,饮茶风习的传播异常迅速。在几十年的时间内,茶已从南方人和僧人的饮品发展成为整个帝国的日常必需品和重要商品。

在这一迅疾的变化中,即便是在陆羽的生活中也清晰可见宗教的作用,这一点我们将在后面的一章中讨论。陆羽是一名孤儿,由僧人抚养长大。[2]年轻时陆羽加入过一个戏班,他的第一部文学作品就是笑话书。随着他投身于对茶的严肃研究,成为文人圈子的一员,圈子中还有诗僧皎然。如前所述,《茶经》在使饮茶习惯传遍全国的过程中发挥了很大的影响力,所以陆羽后来被祀为"茶神",鬻茶者制作陆羽陶俑。[3]宋代,僧人史家认为陆羽是位虔诚的佛教信徒,一部重要而全面的中国佛教史中亦有其传记。[4]

通过现存的中唐至晚唐的许多诗歌和散文,我们知道茶被赋予了巨大的宗教与文化意义,但是为了了解中古时期人们认识茶的各种方式,我们必须翻阅形形色色的文字材料:精英和大众的诗歌、戏剧、专著、官私史书、仪式文本和佛门清规。在知识交流和美学的领域里,茶有尤为值得注意的影响。因为不饮酒的戒条,精英们交流思想与文化的主要场所,即贵族的酒宴,原本有效地把僧人和虔诚的信徒排除在外。虽然很少有居士完全戒酒，但是人们普遍认为这条戒律应该遵守。[5] 然而饮茶使僧侣和文人得以聚集在同一方天地，分享相同的审美观念，而无醉酒的危险。文人与僧人的交游或许受一种自觉求新的高级审美趣味的驱使，多于对茶的生理效应的渴念，由此他们在选择的新饮品———一种几乎没有副作用，既受欢迎又有效的刺激物———中发现并巩固了双方都能接受的共同之处。虽然茶叶可以（而且确实是）针对相对大规模、低成本的消费足量种植，但是在文献里它被塑造为一种对行家有特殊吸引力的珍稀商品。唐代的茶事著述认为，茶能为作诗和坐禅提供必要的灵感和能量。因为茶的崛起和以诗歌及坐禅为特点的禅宗的兴起同时，二者最终在文化想象中相互交织，饮茶后来几乎被看作禅宗的同义词。

本章我们要探讨的文献都涉及中国社会如何从几乎排他性地以酒为中心转向酒茶并举，但是没有一份文献描述过当时发生的这种"文化点金术"，我们必须耐心地用一块块碎片拼凑出这个故事。虽然佛教徒未必有意识地让自己去改变唐代的饮酒习惯，但他们深深地卷入了这一过程的每一步。唐代许多戒酒文章的作者都信仰佛教，茶和禅宗的联系如此密切，以致至少对某些人而言它们几乎别无二致。最迟到 12 世纪，禅林清规里已有详细的规定，明确说明应如何为贵客办茶会。

虽然我们无疑可以从长时段的观点来探讨佛教对饮品文化的影响这个主题，但也有必要先来认真阅读一份中古时期的文献，这样做我们能看出中古时期的一些人如何看待酒和茶这两种饮品，它们分别被赋予了什么正面和负面的文化价值与宗教价值。

### 《茶酒论》:茶与酒地位的争论

《茶酒论》——顾名思义,"茶与酒的争论"——采取了茶与酒两个角色展开唇枪舌战的形式。每一方都争着说自己才是更好的饮品,直到第三方出乎意料地登场并赢得争论。该文本显然是个通俗作品,没有作为文学经典而流传,但它具有现已多少模糊不清的中古时期一种名为"设论"的文体的诸多特点。设论,多米尼克·德克勒克(Dominik Declercq)曾笔墨酣畅地书写过,是一种严肃的对话体文本,作者通过设论向指责自己脱离公共生活的问话者辩解。[6]如我们所见,《茶酒论》并不那么认真,但它显然吸收了比较正式的文体,如设论制定的规范。

《茶酒论》夹杂在敦煌洞窟发现的一些佛教写本中,它能传世纯属偶然。[7]对于作者王敷,我们除了从题名中可知其为"乡贡进士",余概不知。如此看来,他在敦煌当地有一定的地位,很可能熟谙中古文学的基本文献。这篇短文似乎是王敷唯一存世的作品,虽然没有写作时间,但是文中提及的茶表明它可能创作于780—824年之间。[8]有趣的是,后来出现了《茶酒论》的藏语姐妹篇《茶酒夸功》,后者的篇幅长得多,其作者大约生活在1726年。[9]

王敷用简短的序言交代了这场口水仗的背景之后,茶首先宣战,开始辩论:

> 诸人莫闹,听说些些。百草之首,万木之花。贵之取蕊,重之摘芽。呼之茗草,号之作茶。贡五侯宅,奉帝王家。时新献入,一世荣华。自然尊贵,何用论夸![10]

45

我们先来思考一下茶的开场白。它所说的优势首先在于它在草木王国的尊贵地位：它是百草之首，万木之花。或许正因此地位，茶是适合献给贵族乃至王室的贵重礼物。茶所言不是无聊的自吹自擂，而是和同时代其他作者对于茶在晚唐的价值描述相符。例如，当时的杂集《白氏六帖》说茶不是百姓下人所宜，而是供御用。[11]确实，虽然直到11世纪初皇室才开始成为品茶大家，但是9世纪初的游牧民族统治者看起来却已熟知并喜爱中国的茶叶，唐朝的皇帝也当然会收到进贡的茶叶。[12]

46

　　常鲁公使西蕃，烹茶帐中，赞普问曰："此为何物？"鲁公曰："涤烦疗渴，所谓茶也。"赞普曰："我此亦有。"遂命出之，以指曰："此寿州者，此顾渚者，此蕲门者，此昌明者，此浥湖者。"[13]

此事据说发生在德宗（742—805）年间的781年，撰于785—805年的《封氏闻见记》中也有相应的记述：

　　（茶）始自中地，流于塞外。往年回鹘入朝，大驱名马，市茶而归。[14]

这两段来自唐代差不多同一时期的官私，记载证实了到8世纪晚期，茶早已是唐周边少数民族都很渴求的商品，遑论帝国境内的人民。

## 酒：历史、礼仪与酒令

一开始茶站在自己是奢侈品的立场来辩论，虽然茶没有提，但我们从前面的章节可知这是茶较近才取得的地位。与此相反,酒的反应强调了自己的古老值得尊敬,在反驳茶时用中国历史上的一些事迹来炫耀:

> 可笑词说！自古至今,茶贱酒贵。单醪投河,三军告醉。[15]
> 君王饮之,叫呼万岁。群臣饮之,赐卿无畏。[16] 和死定生,神明
> 歆气。酒食向人,终无恶意。有酒有令,仁义礼智。[17]

47

酒情绪激昂的回应中提到了中古时期任何像样的读书人都会用在写作中的一些内容:典故、皇室规矩、相关礼制在维系人和中的正面力量。虽然他没有一直追溯到神话中酒的起源,但他说酒在过去的大事中一直是参与者[18]。酒论证的深层结构中包含了中古时期的一个逻辑:古代的任何(正面)事物都值得尊崇。

我们可以推断,虽然茶叶是合适的贡品,但实际上让帝国政府正常运作的是酒。一方面,酒暗示共饮使统治者更容易接受官员的劝谏。另一方面,同样是这些官员也需要用酒敬祝皇帝健康,以公开表示他们的忠诚。关于皇帝纳谏的想法可能只是一个普遍的愿望,但确实有大规模宴饮,向皇帝敬酒的著名事例。例如,汉高祖(前206—195年在位)恢复国家秩序后,群臣竟日依次奉贺。[19]

值得注意的是,酒强调自己在祭奠死者的仪式中至关重要。中国最古老的文字资料证实了仪式中酒的运用,中古时期此风犹存。在甲骨文中,酒似乎是唯一和牲畜祭品一起献给神明与祖先的液体。[20] 正如酒所指出的,神明闻到祭坛上酒肉祭品的香气感到很高兴。对中古时期的家庭而言,要得体地祭奠死去的亲人,酒不可缺少。[21] 可以说,酒明确地把告慰死者的力量和安抚生者的能力联系在一起。考虑到酒在传统中国(还有别的地方)被用来加强社会联系,培养集体感,显然这两个方面不仅在理论上密切相关,而且在实

践上也是如此。

**48** 至于酒在段末提到的"酒令"，唐代中国它们已家喻户晓。至于它们是否确实如酒所说展示了儒家的四个（仁、义、礼、智）或五个基本的道德准则，这可能还有讨论的余地。但这一说法也并非全无根据，因为除了关于饮酒的文本，我们从唐代的手工艺品也可以看出酒、文学和高雅的谈吐经常相互结合。通俗却又高雅的"论语玉烛"酒令——参与者通过抽到的酒筹决定由谁喝，喝多少，酒筹上刻着来自《论语》的令词——就是一个合适的例子。[22]也许《茶酒论》指的正是这个游戏，因为它说到了展示四条儒家道德准则的酒令。中古时期贵族宴饮的许多特点都直接或间接来自更早时候的风俗，当时流行的是显示自己博闻强识和即席赋诗。[23]夏德安（Donald Harper）在其论语玉烛研究中指出，唐代的许多酒令到了宋代都已遗失，所以随着品茶成为更重要的社交互动模式，在唐以后的社会精英阶层或许诗酒雅集的乐趣实际已变少。[24]

唐代唯一流传至今的关于饮酒习俗的著作是 9 世纪皇甫松的《醉乡日月》。[25]该书提出了一些有益而实用的建议，例如如何造一座"醉楼"①。建木头高楼，无须爬山便可登高赏景，逃离俗世，这样的需求或许反映了在唐代门阀大族地位尊贵的复杂环境下，像古代巫者一样上天的幻想依然存在。[26]无论如何，酒让我们看到中古时期酒在礼仪中的功能与其在社交活动中的娱乐作用没有截然分开。

### 作为奢侈品的茶

接下来茶的辩解立足于茶作为奢侈品的珍稀与价格：它说人们

---

① 作者的理解有误，皇甫松原文为"醉楼宜暑，资其清也；醉水宜秋，泛其爽也"。意为在楼上醉饮，当在夏天，这样可以利用清凉。——译者注

翻山越岭去采茶,茶商都很富裕,能买奴买婢,或者把珍贵的茶粉储藏在金帛器物里。茶商的舟车上装满了茶叶,所到之处喧嚣震天。[27] 茶似乎再次坚持其优越性纯粹出于经济原因,换言之,茶因其自身特点应该被视为珍贵的商品。正是茶内在的价值驱使人们采摘、培植茶叶并把它运销全国。

49

## 名酒及其社会效用

茶描述了中古茶叶贸易的兴旺发达,对此酒的反应是报出一连串名酒的名称(如干和、博锦、博罗、蒲桃、九酝),仙人(玉酒琼浆)或皇帝专饮的佳酿(菊花竹叶),以及让赵母一醉三年的好酒。文中重申了酒的社会作用,说它"礼让相闻,调和军府",并且还宣称由古至今这些效用已经证实。

## 佛教与茶

对这番话,茶回答如下:

> 我之茗草,万木之心。或白如玉,或似黄金。名僧大德,幽隐禅林。饮之语话,能去昏沉。供养弥勒,奉献观音。千劫万劫,诸佛相钦。酒能破家散宅,广作邪淫。[28]

在这段话中,显示出了佛教确实在许多方面与茶相联。首先,茶重申它是万木之心,外表如金似玉是其内在价值的反映。其次,他认为茶具有一些特殊功能——能使僧侣保持清醒,而且尤为适合进献给佛陀和菩萨(他提到了弥勒佛和观音,二者在中古时期都吸引了许多虔诚的重要信徒)。目前的事实表明,虽然后世确实有此做法,但是能证明唐代也用茶供佛和菩萨的确凿文献依据少得令人惊讶,而且我们掌握的实物依据或许也没有某些人说的那样令人信服。[29] 从日本僧人圆仁(794—864)的旅行日记里,我们能找到大略这一时期的在佛坛前供茶的例证。[30] 838—847年,圆仁在中国求法。他多次提及寺院和其他地方的茶饮,并且不时说到僧人之间以茶互赠,或者用茶交换别的商品(例如,他曾抱怨乞食不得,遂出茶一斤,买得酱菜,但它们又"不堪吃")。一方面,圆仁没有讲述喝茶的方法或者他亲眼看到的寺院茶礼;另一方面,他在叙述840年五台山竹林寺举办的法会时,为我们提供了关于寺院供茶的重要证据:

> 便赴请入道场,看礼念法。堂中傍壁,次第安列七十二贤圣画像。宝幡宝珠,尽世妙彩,张施辅列。杂色毡毯,敷遍地上。花、灯、名香、茶、药、食供养贤圣。[31]

我们能看出,在这个大寺院里,茶已成为供养佛、菩萨和贤圣的标准、适宜的供品(花、灯、香等)之一。因此,茶已用于佛教之说反映了现实,而不仅仅是茶虚张声势的自夸。

至于茶所说的逐睡魔的作用,尤其是僧侣用茶提神这一点,最早注意到茶能够作为举国之饮而非地方性饮品的人早已诉诸文字。禅宗和尚与茶结缘最早正是在开元年间(713—742),《封氏闻见记》载曰:

> 南人好饮之,北人初不多饮。开元中,泰山灵岩寺(在今山东)有降魔师大兴禅教,[32] 学禅务于不寐,又不夕食,皆许其饮

茶。人自怀挟,到处煮饮。[33]

根据这段当时的见闻,在降魔师允许座下弟子修行时喝茶,从而引发饮茶热潮之前,茶在北方无疑是个新奇的事物。很有可能降魔藏从来自茶流行已久的南方的禅宗大师,如曾居住在江陵当阳山(近今湖北江陵)的师父神秀(约606—706)那里,[34]继承了他们对茶的兴趣。当时有种名为"南木"的名茶就产自那一带。[35]

就这样,茶把茶的好处——文中从佛教的角度来看待——和一开始对酒(酒有害于家庭生活)的反驳连接起来,并把话题深入下去。

### 作为非健康饮品的茶

酒回敬道——可能是针对前面所言茶的内在价值——和酒相比,茶其实是便宜货,三文钱就能买一瓷。酒接着强调它的历史悠久,值得尊敬,过去就用在盛大的宴会和娱乐中,但没有人会为了一杯茶唱歌跳舞。然后令人很惊愕的是,酒突然把矛头指向了健康问题,警告说过量饮茶会导致可怕的后果:

> 茶吃只是腰疼,多吃令人患肚。一日打却十杯,腹胀又同衙鼓。若也服之三年,养虾蟆得水病报。[36]

虽然现在绿茶几乎被普遍认为有益健康,但是在唐代酒不是唯一抨击饮茶过量会使人腹胀并造成其他健康问题的人。逸闻趣事集《大唐新语》告诉我们,唐开元年间的右补阙毋煚(大约活跃于726年)曾作《代饮茶序》。[37]尽管该文已不幸亡佚,但尚存一概略曰:

52

> 释滞消壅，一日之利暂佳；瘠气侵精，终身之累斯大。获益则功归茶力，贻患则不为茶灾。岂非福近易知，祸远难见？[38]

虽然毋㷡和王敷归纳的饮茶过量的症状（一说"瘠气侵精"，一说"腹胀"）略有不同，但他们都同样激烈地把茶描述为危险的物质。

### 醉酒的危险

争论还在继续，茶再次吹嘘自己收获的名和利，接着又谴责酒能让人喝醉：

> 阿你酒能昏乱，吃了多饶啾唧。街中罗织平人，脊上少须十七。[39]

但是酒在回应这些指控时没有讨论醉酒问题，而是把探讨放到了文化领域，再次回到历史与仪式的主题。酒称古语有言酒能滋生养命、销愁、养贤，并重申茶比酒便宜（茶三文五碗，酒半盅七文）。他还说要款待客人，酒必不可少，雅乐也离不开酒，"（如果乐师）终朝吃你茶水，敢动些些管弦？"[40]

茶则指出人醉酒后的一些行为来盖棺论定。茶说男儿不到十四五岁不会进酒家（可能暗示酒这东西喝得多了才会喜欢），还提到了猩猩（也作"生生"或"狌狌"）为酒丧生的故事。[41] 茶反驳了吃茶发病一说，认为喝酒才会使人得"酒病"，例如，佛陀时代摩揭陀国频婆娑罗王的太子阿阇世王即因酒杀父害母。[42]

53    茶还不以为然地说，刘零（刘伶，卒于 265 年后）因为酒一醉三

年。刘伶是竹林七贤之一,《酒德颂》的作者。[43]最后茶用比较普通的例子下结论,说到头来酒鬼的下场是被捕入狱:

> 不免囚首(守)杖子,本典索钱。大枷椷项,背上抛椽。便即烧香断酒,念佛求天。[44]

茶似乎用饮茶者更节制的信息予酒以狠狠一击,但是最后赢得争论的既不是茶也不是酒。水的出现解决了争端,水夸耀自己是四大之一(有趣的是,水用了佛教的"四大"概念,而不是本土的五行学说),也是茶酒之源。虽然水很强大,但文中说:

> 由自不说能圣,两个何用争功? 从今以后,切须和同。酒店发富,茶坊不穷……若人读之一本,永世不害酒颠茶疯。[45]

所以水提供了茶、酒之间切实可行的"第三条道路",通过这条道路就能保证国家有健康的商业环境,而人民没有过度沉溺于茶或酒的成瘾性而带来的危险。

在《茶酒论》中,茶在反对喝酒时强调了佛教的教义与实践。虽然谴责过量饮酒的言论也见于儒家经典,但是中古中国关于更宽泛的"节制"概念更有可能是受到佛教的影响。[46]在评价佛教对中国酒文化的影响之前,我们需要先了解酒在中古社会的角色。


## 酒、文化与消费

虽然酒无疑有贡献于欧洲文化史,但在西方经典中很可能没有一群像竹林七贤那样受人尊敬的文化英雄。对七贤而言,大醉一场

54    差不多是神圣的使命。[47]西方也没有如王绩(585—644)《醉乡记》
那样堪称"酒乌托邦主义"的作品。[48]中国中古早期的文学作品似
乎普遍把醉酒与精神自由相连——庄子称颂的"逍遥游"可为范例。
我们在探讨《茶酒论》时早已注意到,沟通人神时会用到酒;酒是国
家典礼中的必需品;婚礼、诞生礼和葬礼也离不开酒。[49]人们献酒
给神灵,让他们喝得醉醺醺。[50]我们甚至能从唐诗优美的诗句中找
到能够体现更早期中国宗教生活中巫人是如何醉酒的一鳞半爪。
大诗人王维(701—761)和白居易(772—846)都自我标榜为虔诚的
佛教信徒,他们也撰写了不少述及饮酒之乐的诗篇。[51]尤其是白居
易,虽然他也作了许多茶诗,但他也经常歌颂酒或醉酒。[52]

在中古中国,国家有时会试图规范酒的生产与消费,虽然我们
不可能估量这些措施的效果。除了 619 年唐高祖、758 年唐肃宗
(756—762 年在位)颁布的诏令,唐代的酒政主要为征收酒税、维护
国家对酒的专卖。[53]实际上,唐朝皇帝似乎做了更多的事来鼓励人
们饮酒而不是限酒。起源于汉代,群聚饮酒的盛大节日"酺"(酒神
节)在唐代复兴,以庆祝军队大捷或王位继承人的诞生。[54]

如果说文人——诗人,如竹林七贤和后世的效仿者,用酗酒、服
药使自己有别于那些权贵,那么佛教徒一般通过严格控制饮食区隔
自己和他人。在六朝和唐代贵族当政的背景下,酒不仅扮演了社交
润滑剂的角色,而且也为受过教育的男性(很少是为了受过教育的
女性)提供了相互交流的场合,[55]佛教徒发现自己因为持酒戒而被
排除在外的正是这样的场合。比起对清规戒律同样不允许佛教徒
享受的肉、音乐和舞蹈,佛教徒对酒的态度更折射出他们是在反对
非佛教的文化价值。

虽然唐代对酒的攻击主要来自佛教界,但我们也不能完全忽略
其他读书人与宗教的立场,如道教。上清派宗师司马承祯(647—
753)曾逗留唐玄宗(712—755 年在位)的宫廷,以备顾问,他确实在

其《坐忘论》中反对饮酒,不过许多其他的道教文本则建议适量饮 55
酒。[56]翻阅道教代表性著作《云笈七签》——宋代撷拾多种道书而
成的汇编——没有证据显示道教文献中有和佛教文献一样明确的、
普遍证实的对饮酒的谴责。我们已看到的中古道教的禁酒之举往
往像是对佛教模式的模仿。[57]

### 佛教的酒戒

世界各地的佛教都禁止饮酒。酒戒是居士须遵守的五戒(优婆
塞①五戒)之一:杀戒第一、盗戒第二、淫戒第三、妄语戒第四、酒戒第
五;沙弥和沙弥尼所持十戒,僧尼持守的菩萨戒四十八轻戒和各种
戒律中也有不饮酒戒。根据波罗提木叉(僧尼每半个月要持诵的戒
律),比丘饮酒即犯"波夜提"(指需要忏悔的罪过)。[58]但是,有证据
表明在5世纪的中国出现了一些因酒的处置和饮用问题引起的焦
虑,这意味着对这条戒律的看法比当初设想的要严苛。或许正是因
为普通信徒也起誓守酒戒,所以佛经对僧人饮酒的过失进行了分
类。但是,鉴于戒酒的观念在中国没有先例,因此中国制定的主要
针对普通信徒的戒经,把酒戒视为一个大问题也就不足为奇了。[59]

佛经里列举的饮酒带来的无数业报,特别影响到了中国佛教徒
对酒的态度。佛经尤为强调酒鬼及其家人在现世不得不忍受的苦
难,而不是地狱里的惩罚和来世的痛苦。例如,俗家弟子可以受持
的有一定影响的《优婆塞戒经》(真实性可疑)指出乐于饮酒者会有
五种损失:失财物、身心多病、恶名远闻、丧失智慧、死后堕入地狱
"受饥渴等无量苦恼"。[60]中古中国关于大乘佛教之传说与学说的 56

---

① 在家信佛、行佛道并受了三皈依的男子叫优婆塞。

权威性著作《大智度论》罗列了喝酒的三十五种过失，作者不明的《沙弥尼戒经》指出"酒有三十六失"，包括失道（比喻义和字面义兼具）、破家、危身、不敬三尊、不能讽经、世世愚痴。[61]

心有法度的佛教徒作者不得不考虑和酒有关的每一种可能性，甚至是送酒给人或接受别人送的酒这种情形。阐述菩萨十地的重要著作《十住毗婆沙论》解释说，菩萨可以出于善意施酒给需要者，但日后当教其"离酒，得念智慧"。[62]但是《优婆塞戒经》没那么宽容："菩萨布施……酒、毒、刀、杖、枷、锁等物，若得自在，若不自在，终不以施。"[63]

《梵网经》是5世纪中国的一部疑伪经，其深远的影响力遍及东亚。[64]虽然通常认为书中的菩萨戒比其他僧人的戒律宽和，但是与酒有关的戒条提到了非常严酷的业报：

> 若自身手过酒器与人饮酒者，五百世无手，何况自饮？[65]

这可怕的业报出现在《梵网经》四十八轻戒的第二条，而十重戒（模仿戒律将其名为"波罗夷罪"）的第五条为：

> 若佛子，自沽酒，教人沽酒，沽酒因，沽酒缘，沽酒法，沽酒业，一切酒不得沽，是酒起罪因缘。而菩萨应生一切众生明达之慧，而反更生一切众生颠倒之心者，是菩萨波罗夷罪。[66]

57　因此我们不难发现，在适用于僧人和信众的中国版菩萨戒中，酒戒的分量比在印度戒律文本中要重得多，后者一般不讨论业报。我们可以推测，正如中国佛教中素食主义的推广，推动对酒态度转变的是普通信徒而非僧人。[67]

通过简略评述中古时期饱学的佛教徒能阅读的文本，我们看到若要反对饮酒,他们手头不会缺乏可用的材料。虽然佛门清规中无疑有一些漏洞,但是总的说来饮酒的因果报应写得很详细,而且措辞相当严厉,在这点上中国自制的文本(和从梵文翻译过来的文本不同)毫不宽容。

### 敦煌写本对酒的态度

中国本土的敦煌写经《大方广华严十恶品经》毫不含糊地把戒酒作为佛陀真弟子的基本美德。[68]虽然经书标题提及"十恶品",实则经文只关注三种恶行——饮酒、吃肉、破斋。经书一开始就举出修善根的五个方法:一者不害众生,二者不行放逸,三者不饮酒,四者不食肉,五者常行大悲。接着迦叶菩萨问佛:"世尊,如佛所说受佛教者,不听饮酒?"佛告迦叶:

> 一切众生不饮酒者,是我真子,则非凡夫……若受五戒者、若受二百五十戒者、若受威仪具足戒者、若受戒者,不听饮酒……比丘、比丘尼若犯此者,即入地狱;若凡夫人,犯突吉罗罪,八万劫中入于地狱……受我戒者,不听酤酒与人,不听到酒家,不听强劝人酒,不听共人麴酿……不听酤酒与比丘,若与者,五百世无臂。共比丘麴酿,五百世耳聋,耳听隔绝,常不闻勿声语……强劝比丘酒者,堕截膝地狱。[69]

58

我们看到,中古时期佛教教团中的一些人热衷于把真正的佛门弟子塑造为不仅不饮酒,而且也不参与任何形式的酒文化(他们"不听酤酒与人,不听到酒家",等等)。如果他们这样做了,会遭到可怕的报应,例如没有手臂、耳聋、下地狱。

　　但是僧人和居士真的会像戒经希望我们认为的那样尽量滴酒不沾吗？特别是在酒比水更易于保存，通常滋味也更好的时候？绿洲小镇敦煌的写本中保存的寺院账册和世俗会社的条例表明，饮酒不仅仅是僧俗偶发性的恶习，相反，饮酒似乎是居士会社中宗教行为的一个重要乃至根本特征，也是寺院日常消费的一部分，至少在难以获取鲜活泉水的敦煌是如此。[70]

　　敦煌佛教信徒们符合规范的重要特征是举行斋供，共同吃喝。根据古代习俗，参加这些斋会的人必须人人出力，每个人均须出席并拿出一定数量的面粉、油和酒。不参加的人要受罚，通常是罚提供酒。[71]这些社邑的成员通常包括僧侣，他们显然也要遵守相同的规条。碑刻、敦煌文书和高僧传中的证据表明，这些社邑是5世纪至宋代民众宗教生活的一个特点。[72]

　　敦煌四个寺院的许多账册保存至今，因此我们有可能再现其中至少一所寺院每个月酒的消耗情况，[73]每年酒的预算能高达总开支的9%。[74]敦煌的寺院既沽酒，自己也酿酒。寺院账册也记录了不得不买酒的原因，通常是为了欢迎从别处来的高僧大德或接待政府官员。节日如佛诞日、盂兰盆节要喝酒，宗教仪式上也要用到酒并把酒分给和尚，以感谢他们的辛苦（身体或精神的）。[75]这些有趣的历史记载揭示出，对敦煌一些寺院的和尚来说，酒既是日常必需品，又适合特殊场合。

　　除了酒的娱乐用途或社交用途，中古中国的寺院也以酒作药或入药，[76]有充分的证据显示僧侣也饮用非药酒。[77]北宋时期日本僧人成寻（1011—1081）来到中国，他在其日记中说曾多次与中国僧人一起在寺院饮酒。[78]唐宋时期，酒也用于寺院的许多仪式，尤其是佛教密宗的仪式。[79]酒不仅用作供品，也由仪式主持者享用。[80]

　　由此可见，佛教与酒的关系是复杂的。一方面，佛经、戒律在酒的饮用与生产问题上为佛教徒划分了明确的界线；但是另一方面，因为寺庙、僧人与将酒视为社交和仪式润滑剂的更广阔的社会紧密联系,因此他们不能完全不喝酒。如果不引入一种可以令人满意的替代酒的物质——茶,这两种现实之间的紧张状态不可能消除。

### 佛教、茶与物质文化

7 世纪初古画中的证据?

本研究在很大程度上仰赖于文献资料,但也有可能对寺院饮茶情形的最早描绘不见于文献,而是在一幅画中:传为阎立本(约601—673)的《萧翼赚兰亭图》。[81] 我们应该花点时间考察这幅画,看看它是否能成为我们探究佛教徒饮茶问题的证据。

为了理解此幅名画摹绘的场景,我们有必要先了解一下背后的故事。唐太宗(626—649 年在位)是一位书法鉴赏家,对王羲之(约321—379)的著名杰作《兰亭集序》梦寐以求——它无疑是当时中国最著名的书法作品。唐太宗三次遣使向据说藏有《兰亭集序》的南方某寺院老僧辩才索要,但每次辩才都说它已在战乱中遗失。最后,唐太宗派梁元帝曾孙萧翼去计赚辩才。萧翼乔装成与中央政府无关的普通文人去接近辩才,二人相处融洽。拜访辩才数次后,萧翼拿出一幅画给辩才欣赏。谈论中萧翼告诉辩才自己手中有二王书帖,辩才请其第二天带来。次日,萧翼拿出书帖以示辩才,辩才曰,"是则是矣,然未佳善也。贫僧有一真迹,颇亦殊常"。萧翼佯装不信,于是第二天辩才从藏匿处拿出其宝贝《兰亭集序》真迹给萧翼看。萧翼故意说这是一幅伪作,二人因此陷入激烈的争论。辩才被激怒后忘了将这件无价之宝收好便外出参加寺院的一个仪式,萧翼趁此机会拿走了《兰亭集序》,离开寺院。

我们还不是很清楚阎立本描画的是故事的哪个时刻:萧翼已卸

下伪装,抑或他还在努力争取辩才的信任？该画的跋文对于它究竟在状写何事意见不一,但一篇跋文促使人们注意画的左下角有两个仆人被画得栩栩如生。画中他们正用炉子为辩才及其客人煮茶,我们相当确定他们煮的是茶而不是其他汤液,因为在他们身旁的桌子上有用来把茶叶碾成粉末的茶碾。有趣的是,讲述这一故事的文字来源,即何延之(卒年为722年之后)撰写的《兰亭始末记》,说辩才和萧翼在赋诗之前不仅一起喝茶,也饮"药酒"。[82]

如果该画确实是初唐画家阎立本的作品,那么它呈现了7世纪寺院里的煮茶场景,也成为比目前为止我们讨论过的文字依据更早说明茶与佛教关系的确凿证据。但是阎立本很可能并没有作此画,因为出处很少——直到北宋末年(12世纪初)才提及阎氏此画。虽然这幅画年代久远,但它可能不会早于宋代,仅就出处而言把它归属唐代画家也不妥,它最多表现了宋代画家眼中唐代寺院中的一幕。描绘僧人和文人在一起交谈,而仆人为他们备茶也十分合理。

图3.1　《萧翼赚兰亭图》,传为阎立本(约601—673)作

图3.2　《萧翼赚兰亭图》局部细节

### 法门寺的皇家茶具

离开画这个话题，现在我们来看看一些实物如何反映茶的宗教史。中国最有名、历史意义最重大的古代茶具是1987年在法门寺佛塔地宫发现的茶具，该寺位于唐都长安，即今西安市以西140公里处。[83]1981年8月24日，法门寺明代砖塔的一部分坍塌。1987年4月3日，考古队员在清理佛塔地基时发现了地宫。[84]地宫包括一段陡坡道，它通向南北向的一个前室和三个内室。地宫自874年封闭

62

以后一直没有打开过,它里面共有400多件文物①,包括120多件金
属制品,其中有许多非常精美的鎏银器。在地宫里还发现了4枚佛
指舍利,每一枚都保存在层层套装的函匣里。

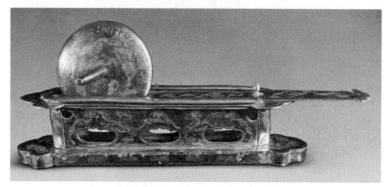

图3.3　鎏金银茶碾子,869年制,陕西扶风法门寺出土

图3.4　银笼子,9世纪制,陕西扶风法门寺出土

---

① 数字有误。——译者注

图3.5　鎏金茶罗子,869年制,陕西扶风法门寺出土

虽然对那些器物的用途尚未达成真正的共识,但是其中一些金属制品被认为是专门用于煮茶和饮茶。许多茶具都有錾文,因此我们知道它们由御用窑造于咸通十年(869)。问题是,它们被埋在佛塔底下,在著名的佛指舍利旁边是做什么用? 被认定是茶具的文物包括两个带盖的金属笼子,其中一个为飞鸿毬路纹银笼。有人认为它们是烘烤茶叶的笼子,虽然没有证据证明它们用途于此。[85] 还有一个金属风炉被说成是茶炉,即使地宫出土的《物账碑》和考古报告都说它是一个香炉,它看上去也更有可能是香炉。[86] 或许与此风炉(如果它真的是)有关的是一双火箸。[87] 更有可能确实用于煮茶的是一个饰有云朵与莲花的银匙和一个鎏金飞鸿纹银则。[88] 毫无疑

63

问与茶相关的一件器物是鎏金鸿雁流云纹银茶碾,[89]在一些画,如传为阎立本的画作中亦能见到类似的用来将茶叶碾成粉末的茶碾。

图 3.6　鎏金伎乐纹银调达子,9 世纪制,陕西扶风法门寺出土

这些真正非同寻常的鎏银器是 873 年唐懿宗为了迎佛骨而布施的一部分器物。[90] 1987 年的这一重大考古发现被称作说明 9 世纪佛教用茶情况的证据,一些学者甚至认为它说明茶已用于佛教密宗的仪式。例如,克雷斯基(Patricia Karetzky)在一篇关于法门寺茶具的文章中写道,"正如法门寺许多有佛教纹饰的茶具所暗示的那样,饮茶也是佛教密宗仪式的一部分"。[91] 但是在这种情况下,这一证

据不足以支撑在法门寺茶与佛教仪式已紧密相连的说法。虽然出土茶具对于唐代中国的饮茶史意义重大，但它们和皇室的其他许多东西一起放在佛指舍利旁边，需要我们思考它们的作用而非价值。我们从考古和文本证据可知，人们用各种物什供养佛是因为它们是珍贵的个人藏品，而不是因为它们可能具有的任何仪式功能。据说唐代仕女常用银簪作供品，但这不意味着我们可以说那是"密宗发簪"。此外，我们也很难从那些茶具上找到多少"佛教纹饰"。我们可能会希望从佛教仪式用品上看到佛、菩萨、神、金刚的图像，但法门寺茶具上的佛教纹饰似乎只有茶罗上的几个飞天。[92] 这些精雕细琢的器物肯定可以证实什么——但不是所谓"密宗茶礼"。

图3.7　1987年发现的法门寺地宫前室

　　茶具的鉴别部分地基于如下假设:法门寺地宫按密宗曼荼罗布置,因此地宫遗址应该是一个举行密宗仪式的空间。这一假设早期由当地的一些学者提出,之后被人们不加批判地重述。虽然我们可以谅解这些学者热切地想成为最早找出唐密宗实物资料的人,但是关于法门寺曼荼罗之说的证据很少。[93]

　　如果这些茶具不是仪式用品,那么它们是什么? 首先,我们来看看在供奉佛指舍利的地宫的什么地方发现了它们。1987 年发掘时拍摄的照片说明茶具在前室的杂乱无章的物品中——正是些我们觉得会放在靠近供奉佛指舍利的地方的珍贵物品。[94] 地宫中原来的《物账碑》记载了皇室的两批供品:咸通十四年(873)佛指舍利迎到京城后赠予的第一批 122 件物什;舍利送回法门寺后"新恩赐"的第二批 754 件物件。第一批东西大多数为仪式用品,相比之下第二批包括帽、鞋、衣服、席褥、骰子和其他日常用品,包括上文所述之茶具。《物账碑》记录了物品的重量,显然考虑仪式功能时重量不是非常相关的因素,但是如果从舍利供养物的力量来看重量就非常重要——人们需要知道它们的价值。第一批恩赐的物件价值千金,但它们也是皇室的私藏——所以它们被用来供养佛指舍利,以结布施法缘,而不是用于仪式。虽然我们不能说那是特殊的密宗献祭,但我们知道 9 世纪晚期皇室用质量上乘、无比珍贵的茶具奢侈品供养佛指舍利,希冀由此为唐皇室广积功德。

### 寺院茶文化与茶汤

　　因为说明唐代寺院饮茶情况的艺术和考古领域的证据看来多少有误导作用,因此我们必须再次求助于文字资料。律宗大师义净(635—713)撰写的《受用三水要行法》说"煎药、煮茶、作蜜浆等"都要用净水,[95]我们将在下一章探讨寺院里的汤药服食。义净曾在信奉佛教的其他亚洲国家弘法多年,他在同一本书中提到印度僧人不饮茶。[96]如果此言不虚,那么他在游历时可能随身携带了自己的茶叶,因其旅游日记中写道,"茗亦佳也。自离故国向二十余年,但以此疗身,颇无他疾"。[97]

义净以茶作药和前一章所提的大约同一时期本草书籍对茶的描述非常吻合,但不知义净是否向印度僧人介绍过茶,或者他是否因自己要喝故而节约用茶。另一位著名的律宗大师道玄(596—667)即曾批评不喝完茶的和尚浪费。[98]

正如历史学者刘淑芬在一系列重要论文中已指出的,我们或许不应孤立地理解寺院茶文化,而必须把它放在中古寺院饮用汤药和其他补药的大背景之下。[99]如果我们考虑到"茶"字作为"茶药""茶汤"等合成词的一部分频繁地出现在佛教文献资料中,我们很容易看到这一点。

唐宋高僧传和其他历史资料显示,寺院里服用许多汤药:荷叶汤、薯蓣汤、橘皮汤。[100]橘皮汤里可能加蜂蜜,因此它可能类似于现在能喝到的由金橘、蜂蜜或冰糖制作的金橘茶。唐代的世俗社会认为橘皮汤有助于消化,所以自然也能在寺院里发现它的身影,第六章我们将进一步了解这种茶汤文化。

### 茶百戏:如梦幻泡影的佛教观念

在书中我们已遇到若干与唐代茶文化发展有关的名人,其中一些人如陆羽、降魔藏与禅宗有渊源。就茶史中一些不太知名的人而言,禅师与茶的联系也是显而易见的。例如,传为陶谷(903—970)所作《清异录》的"茗荈门"记录了两个身怀事茶绝技之人。[101]其一为出生于山东金乡的沙门福金(也作福全),他能让诗句显现在热茶的表面,此才艺吸引了一大群人围观。[102]另一人为南方吴国的僧人文了,他非常善于烹茶,结果赢得了南平王高季兴(活跃于907—924)的赏识和照顾。[103]此处的技艺究竟是什么?《清异录》中的另一段话可能有助于我们了解背景:

> 茶百戏:茶至唐始盛。近世有下汤运匕,别施妙诀,使汤纹水脉成物象者,禽兽虫鱼花草之属,纤巧如画,但须臾即就散灭,此茶之变也。时人谓之"茶百戏"。[104]

此处描述的是用刷子在茶水表面快速画出图案,甚至写出诗句的艺术。茶天然的油分和热水中细腻的茶粉使得茶水表面可以形成非常细致但又转瞬即逝的图案。近些年人们复兴了这种做法,在网上能看到许多关于绘出生动图像的例子。[105]鉴于有名字可考的僧人掌握了这样的技艺,我们不妨认为茶百戏似在借此强调佛家认为现实如梦幻泡影,如雾亦如电的观念。

### 道教与茶:茶的生产力与创造力

不仅僧人、寺院与茶有关联,我们在道家的记载中也能看到茶。例如,李冲昭的《南岳小录》记录了南岳迄至9世纪末10世纪初的历史,[106]书中也记述了南岳一道观用茶募资的故事:

> 九真观:……唐开元中,有王天师仙乔(卒于759年)。[107]初,天师为行者,道性冲昭,有非常之志。因将岳中茶二百余壶,直入京国,每携茶器,于城门内施茶。忽一日,遇高力士

(684—762),[108] 见而异之,问其所来,乃曰:"某是南岳行者,今为本住九真观殿宇破落,特将茶来募施主耳。"[109]

于是高力士安排王天师觐见玄宗,玄宗厚赠金帛予王天师,令归岳中,九真观如其所愿得以修葺。[110] 这则道教文献中的小逸事提供了一个很好的例子,它说明茶能带给宗教机构实实在在的好处。到 8 世纪中叶,僧人道士均已知可以通过卖茶为寺院道观赚钱。随着时间的流逝,看起来佛寺从茶水生意中获利最久。除却此例,没有具体的证据显示道士和僧人一样与茶密切相关。不过我们肯定朝廷不仅赐茶给僧人,同样也赐给道士。[111]

下一章我们会看到,唐代茶文化对文学艺术,尤其是诗歌有显著的影响,但它也同样影响了绘画。下文是一段饶有兴味的描述(作者是陆羽的友人),它述说了醉茶对一位道士画家精神的影响以及带其进入的宗教境界(或幻觉?)。这段文字来自诗人和山水画家张志和(730—810)编撰的道经《玄真子》,[112] 它记叙了作者与画家吴生的一次邂逅:

> 吴生者,善图鬼之术……于是笔酣之间,揖玄真子,卮而酒之。酒酣之间,揖玄真子,瓯而茶之……告以图鬼之方曰:吾何卫哉,吾有道耳。吾尝茶酣之间,中夜不寝,澄神湛虑,丧万物之有,忘一念之怀。[113]

正如一些诗歌展现了茶的创造力,我们看到茶也被赋予了与酒相似的力量。它不仅使诗人"酣",同时也使他成为有"道"之人,心神归一,创造力无穷。这是为茶这一相对新的饮品发出的有力声明。

## 小　结

　　酒说自己是中国传统文化中不可或缺的一部分，从许多方面看此言似为不谬，至少在敦煌，无论他们如何挞伐酒，僧人和虔诚的居士依然需要酒。但是，从8世纪中叶开始，茶确实提供了另一个无疑与佛教有关的有趣选择。茶的推广实际上与利用大量佛教文献反对饮酒齐头并进，佛教酒戒对帝国饮食习惯的影响可能是文化变迁的一个原因，但或许唐代饮食习惯的改变反映了更大的时代精神的转变。我怀疑755年的安禄山造反造成了嗜酒诗人作为文人榜样的衰落，以及随之而来的红尘之外爱茶禅师的正面形象的崛起。当然，晚唐文人的忧患也多于早先的文人，安禄山造反时的血腥杀戮、混乱和9世纪相对残酷的生活比佛教的任何禁酒运动都能有效地让大唐王朝清醒过来。

　　唐代文人如何看待从酒到茶的转变？我相信我们能从下面的短文中了解到很多，它可能是8世纪末9世纪初文人吕温（772—811）为三月初三上巳节的诗集而作的序言：[114]

### 三月三日茶宴序[115]

　　三月三日，上巳禊饮之日也，诸子议以茶酌而代焉。乃拨花砌，憩庭阴，清风逐人，日色留兴。卧指青霭，坐攀香枝。闻莺近席而未飞，红蕊拂衣而不散。乃命酌香沫，浮素杯，殷凝琥珀之色。不令人醉，微觉清思。虽五云仙浆，无复加也。座右才子南阳邹子、高阳许侯，与二三子顷为尘外之赏，而曷不言诗矣。

这篇唐代的序言见证了茶的力量,它能取代酒成为适合文人聚会的饮品,引发文人的诗兴。

最后用一首唐诗结束本章,我认为这首诗很适合用来终结茶与酒的争论:

71

### 茶

香叶,嫩芽。

慕诗客,爱僧家。

碾雕白玉,罗织红纱。

铫煎黄蕊色,碗转麴尘花。

夜后邀陪明月,晨前命对朝霞。

洗尽古今人不倦,将知醉后岂堪夸。[116]

如我们在本章所见,僧人既点出了酒引起的社会问题,从而鼓励人们戒酒,又推动了茶的传播,因此佛教可谓是促使人们从一种"准字号药物"转向另一种的主要因素。下一章我们将看一看诗歌如何反映这一转变。

# 第四章　唐代茶诗

为什么要如此关注唐代的茶诗？第一，诗歌可能是饮茶兴起时期最重要的文化表现形式，因此阅读诗歌能让我们了解从其他文学资料中看不出的饮茶发展轨迹。第二，诗歌作为中古时期最受推崇、声望最高的文化表现形式，不仅言志，实际也表明态度，因此诗人在某种程度上告诉了人们对茶的所思所想以及如何思如何想。现在我们赋予茶的价值——天然、健康、解毒、提神醒脑等——并不是新观点，而是唐代就由诗人提出。第三，虽然后世也有许多茶诗，但是本书主要涉及这些较早的茶诗，因此详细探究唐诗，而把后世资料的研究留待日后有合理之处。

文人墨客和僧人集会结社，交流、确定品茶新标准，拟设新主题与意象，[1]我们能在茶诗中瞥见由此产生的文化协同（cultural synergy）。诗歌经常提出或阐释着茶应如何饮用，如何鉴赏和象征意义的问题，因此我们能从可以利用的诗歌中挖掘出茶文化的许多宝贵资料。此外有趣的是，诗歌中茶的许多价值是用佛教的术语或意象来表达的。至于茶诗的数量，中唐开始时只如涓滴细流，迨至唐末已汇成大海。唐代诗人在茶诗里涉及了一系列主题，现存的诗歌描

述了茶的色、香、味;备茶的方法;茶具的形状;饮茶环境;茶的美好、　73
药用价值和精神作用;以及——较小程度上——茶叶的种植、采摘
和加工。身为唐代的文化工程师,诗人们有义务为茶文化的繁荣生
息筛选一个新世界。他们创造了多个而非一个孤立的文化空间,且
它们在某种程度上紧密关联。这些多样化的文化空间也在地理和
意识形态上与宗教体系交织在一起。因此,我们必须结合语境仔细
阅读唐代茶诗,理解其多重意蕴。现存有大量唐诗涉及茶,全面研
究它们将远远超出本章的范围,因此我选择若干比较重要的诗人和
一部分具有代表性的诗篇为重点。

### 诗歌的新主题——作诗咏茶

盛唐时期(713—765)被后世评论家誉为诗歌的黄金时代,其中
有两位诗人的诗歌灿烂夺目,他们在中国和其他国家经常几乎被等
同于唐诗——他们是李白和杜甫。[2] 作诗咏茶在唐代绝不是一个微
不足道的文学现象:中国诗歌史上一些最著名的人物,包括李白和
杜甫,都写过与茶有关的诗歌。但是选择“茶”这一新主题其实是中
国诗歌史上前所未有的发展,唐以前的诗歌很少提及茶,《茶经》中
节选的中古早期的诗歌——左思(250?—305?)的《娇女诗》与张孟
阳(即张载,3 世纪晚期)的《登成都楼诗》——是晋(265—420)以降
的诗歌中发现的仅有的两个例子。如早已指出的,六朝时期茶是南
方人的商品,但是看起来南方的诗人对于茶,除了顺带提及几乎无
话可说。或许我们可以从这一时期证据的缺乏推断,唐以前饮茶仅
为解渴或疗疾,平淡无奇的饮品中没有东西可以吸引诗人的注意
力。如果进一步查阅六朝至隋乃至初唐的所有诗歌,我们会发现没
有诗歌谈及茶,茶作为中国诗歌主要的或次要的主题在 8 世纪初以

前是完全缺席的。

　　3 世纪左思的《娇女诗》中包含了描绘两位少女急于饮用小贩之茶的诗句："心为茶荈剧，吹嘘对鼎𬬻。"[3] 但是该诗的重点在于题
74　目中女儿们的娇憨可爱，而非茶本身，这一重点和我们在唐诗中看到的完全不同——有些唐诗完全为茶而作。

　　张孟阳关于今四川成都白菟楼的诗歌称"芳茶冠六清，溢味播九区"。[4] 把茶的滋味置于《周礼》中的六种饮品之上，对其时只是一种地方特产而非知名物产的茶而言是极高的赞誉。但是上句——"鼎食随时进，百和妙且殊"——也称颂了总体上成都食物的丰富。像这样在充斥着各种食品的富庶之地饮茶而生发的情感，在唐诗中鲜少出现，唐代的精英诗人更倾向于在僻远、神秘有时甚至是荒无人烟的地方饮茶。简言之，《茶经》引用的这两首早期诗歌虽然有历史意义，但它们和唐代茶诗几无共同之处，提供不了多少其他地方收集不到的关于茶的信息。

　　稍后我们会详细论述李白唯一的茶诗，也会提一提下文杜甫的茶诗。杜甫还有两首关涉僧人，以及另两首抒写闲适乡居生活的诗歌也谈及茶。[5] 最有说服力的诗句则出自《进艇》："茗饮蔗浆携所有，瓷罂无谢玉为缸。"[6]

　　在杜甫对田园生活之乐的描述中，茶是像甘蔗汁那样倾入陶器饮用的质朴的饮品，所以它和唐诗中通常赞美的煮或点的茶不一样。在《重过何氏五首》之三中，诗人简洁地评论道："春风啜茗时。"[7] 所以我们看到杜甫没有像唐代其他一些诗人的诗歌那样把宗教和文化意义附丽在茶身上，对他而言，茶显然更多的是一种日常饮品，他会顺便提及，但不会长篇大论。

### 茶诗中的宗教及美学意义

如前所述,据时人所言,茗饮之风始于开元间(713—742)泰山
的降魔藏禅师,然后传遍整个大唐帝国。我们不必对大约与此同时 　75
诗歌中突然出现茶而感到惊奇,因为这无非证实了 8 世纪中叶饮茶
大为流行的其他证据,我们也不必讶异于唐诗中茶与寺院、僧人紧
密关联。活跃于开元初的诗人蔡希寂提供了一个比较特别的例子,
反映了此种关联,他在《登福先寺上方然公禅寺》的最后一句说到
"茶果"是典型的僧人晚餐。[8]这是现存最早言及茶的唐诗,而且很
明显作者并不想强调"茶果"是很独特的物品。有趣的是,正如降魔
禅师,蔡诗中的湛然也属于北宗禅一派。[9]不管有意无意,禅宗的兴
起与茗饮的发展在唐代文献资料中常常连在一起。不过,一位唐代
小诗人对寺院用茶的随便一提决不能代表茶与佛教之间全面的相
互影响,这一点我们能从更著名更多产的诗人之诗作中窥知。

8 世纪一位声名尤著、崇信佛教的诗人王维(701—761)留下了
几首咏茶诗。[10]此外,与王维同时代的几位著名的盛唐诗人如岑参
(737—792)、李嘉祐(活跃于 8 世纪)、韦应物(737—792)也写过一
些与茶有关的诗歌。[11]从 18 世纪重要的诗歌选集《全唐诗》中流传
下来的茶诗来看,提及茶次数最多的唐代诗人为白居易(772—
846)。但是我们要正确看待这一事实,因为白居易的茶诗不超过 30
首,与其诗歌总数(2,800 多首)相比是一个很小的数目。这一统计
数据表明,虽然茶诗的内容与影响或许具有重要的文化意义,但它
从盛唐时期诗歌总量的角度看依然是一个微不足道的类别。

众所周知王维与佛教关系深厚,但其茶诗不见有明显的佛教内
涵。王维传世的诗歌中有三首谈及茶。《赠吴官》中有"长安客舍热

76 如煮，无个茶糜难御暑"。[12]《酬严少尹徐舍人见过不遇》曰"君但倾茶碗，无妨骑马归"，[13] 从整首诗的上下文判断，这句诗说到了茶令人不眠的作用：喝茶后会恢复精神，一扫前一晚过度劳累造成的疲乏。在另一首诗《河南严尹弟见宿弊庐访别人赋十韵》中，王维描画了"花醽和松屑，茶香透竹丛"的情景，[14] 从中我们可以推断诗人家中同时用浸泡过花朵的酒和茶待客。从这三个对茶顺便一提的诗句显然可见在王维所处的时期，茶已因为能解渴、御暑和提神而为人喜爱，被广泛用作普通的饮品。王维的诗歌也表明一般人们并不觉得茶应该承载深刻的宗教或美学意义，这样做是诗人们自己的选择。

如果说王维的诗歌只是把茶放在某个背景之下或当作陪衬来描述，那么与其相反，一些同时代的诗人则把茶作为诗歌的核心。韦应物就是这样一位愿意以茶为主角的诗人，其《喜园中茶生》云：

> 洁性不可污，为饮涤尘烦。
> 此物信灵味，本自出山原。
> 聊因理郡馀，率尔植荒园。
> 喜随众草长，得与幽人言。[15]

这是一首短诗，但它包含了有趣而新鲜的观念，值得分析。首先，茶树被赋予了超凡脱俗的特点：它性洁，不能被玷污。这一观念很有可能受中古中国佛教认为万物皆有佛性的思想影响。我们知道，这一思想本来仅适用于有感情的生命，但是到了唐代甚至延伸至草木。[16] 下一句诗进一步强化了韦应物对茶的理解：茶能"涤尘烦"。在佛教文本中，"尘"通常代表蒙蔽我们本性的妄念与污垢。"烦"字意为"担忧"或"焦虑"，但也是"烦恼"之烦，它在佛教中指77 "烦恼障"（梵文：*klesa*）。因此，这些诗句既使茶具有强烈的佛教色彩,同时也呼应了《茶经》中茶能涤烦一说。而且,在诗人笔下茶树和其他植物生长在一起,正如圣人或菩萨虽意识清明,心性澄净,却混迹于凡夫俗子当中。似乎是为了强化这一宗教意味的解读,诗人又告诉我们茶有"灵"味。因此,我们可以从这寥寥数行看出唐代诗人如何有意识地把佛教教义与他们对茶这一新饮品的赞美相连,精妙的诗句由此构建了围绕茶深有影响的非世俗性审美。

## 长寿与成仙及茶的商品化

毫无疑问,在韦应物吟咏植茶乐趣的诗歌中有一些有趣的看法,不过它们和后来一些诗人的作品相比还不明显。在盛唐的诗歌中,对我们认识赋予茶的宗教意蕴来说,最重要的茶诗或许是李白的名诗《答族侄僧中孚赠玉泉仙人掌茶并序》。序文和诗歌本身叙述了 752 年诗人从侄子处获赠玉泉寺(荆州)的珍贵茶叶"仙人掌茶"。[17] 在序中,李白解释了茶名的来历:摘下来的茶叶在阳光下晒干后成块,其状如手。很显然,诗中描述的茶被认为是僧人馈赠给文人的珍贵而具有象征性的礼物,诗人欣赏它并不仅仅因其商业价值。值得注意的是,这是第一首在题目中点出茶叶品种或品名的诗歌。李白在序文和诗歌中所用的充满感情甚至是虔诚的语言值得我们密切关注:

### 序

余闻荆州玉泉寺近清溪诸山,[18] 山洞往往有乳窟。窟中多玉泉交流,其中有白蝙蝠,大如鸦。按仙经,蝙蝠一名仙鼠,[19] 千岁之后,体白如雪,栖则倒悬,盖饮乳水而长生也。其水边处处有茗草罗生,枝叶如碧玉,唯玉泉真公常采而饮

78

之。[20]年八十余岁，颜色如桃李。而此茗清香滑熟，异于他者，所以能还童振枯，扶人寿也。余游金陵，见宗僧中孚，示余茶数十片，拳然重叠，其状如手，号为仙人掌茶。[21]盖新出乎玉泉之山，旷古未觌，因持之见遗，兼赠诗，要余答之，遂有此作。后之高僧大隐，知仙掌茶发乎中孚禅子及青莲居士李白也。[22]

> 常闻玉泉山，山洞多乳窟。
>
> 仙鼠如白鸦，倒悬清溪月。
>
> 茗生此中石，玉泉流不歇。
>
> 根柯洒芳津，采服润肌骨。
>
> 丛老卷绿叶，枝枝相接连。
>
> 曝成仙人掌，似拍洪崖肩。[23]
>
> 举世未见之，其名定谁传。
>
> 宗英乃禅伯，投赠有佳篇。
>
> 清镜烛无盐，[24]顾惭西子妍。[25]
>
> 朝坐有余兴，长吟播诸天。[26]

在这首答谢僧人赠送玉泉寺所产茶叶的诗歌中，李白主要用道教在长生不老的语境下来书写茶。他也指出让这前所未闻的"仙人掌茶"引起世人注意的方式——通过诗歌。在序文中，李白不惜笔墨铺陈茶树生长的神秘、世外桃源般的环境，并且扩而大之说茶本身也超凡脱俗。据李白所言，茶树长在从一些神秘的洞窟里流出的山泉边，这些洞里栖息着活了很久的白色大蝙蝠。蝙蝠令人咋舌的长寿（不止一千岁）和不同寻常的颜色，缘于它们喝从洞中钟乳石上滴下来的富含矿物质的"乳水"。[27]虽然茶树枝叶如碧玉，而不是像蝙蝠那样雪白，但显而易见它们也以类似方式从乳水中获益。不过我们知道这些植物的叶子有延年益寿的作用，是因为玉泉寺的僧人隐士真公采而饮之，由于喝茶的习惯，真公（很有可能即玉泉寺的律宗大师慧真）虽已年过八十，却脸色红润、年轻。李白详细叙述了这种茶延长寿命的功效："此茗……异于他者，所以能还童振枯，扶人寿也。"

接着李白解释此茶何以得名"仙人掌茶"。不同于唐代茶人普遍饮用的制作工序复杂的饼茶，这种产自云泉寺的长条形叶子在阳光底下自然晒干，卷曲成手状。由这些自然干燥的叶子制成的茶和叶子经洗、蒸、捣、焙等而成的饼茶截然不同。李白收到族侄、一位玉泉寺僧人送的数十片茶叶后，希望二人互赠的诗歌（当然包括这一首）能把这一非凡之物的名声传播出去。李白的序文表明他意识到诗歌，尤其是名诗人写的诗歌，能为某种具体的茶叶背书并抬高其价值。这种高级别名人为茶叶背书、做广告和茶叶的商品化始于盛唐时期，而且一直是后世茶文化的显著特征。

李白不是唯一一位把关于长生的语言、意象与茶相连的诗人，例如，李华（约卒于 769 年）的《云母泉诗》也与其相似，把茶说成是能使人长寿、健康的长生不老药：[28]

> 泽药滋畦茂，气染茶瓯馨。
> 饮液尽眉寿，餐和皆体平。[29]

80

诗序则更多地涉及用来烹煮这种茶的矿物质丰富的泉水：

> 洞庭湖西玄石山，俗谓之墨山。山南有佛寺，寺倚松岭，下有云母泉。泉出石，引流分渠，周遍庭宇，发如乳湩，末派如淳浆，烹茶、渍蒸、灌园、漱齿皆用之。大浸不盈，大旱不耗。自墨山西北至石门，东南至东陵，广轮二十里，尽生云母。墙阶道路，炯炯如列星。井泉溪涧，色皆纯白。乡人多寿考，无癣痼疥搔之疾。

李华的序告诉我们，山寺的地下流淌着著名的云母泉水，用这种水煎药或烹茶能延年益寿。值得注意的是，"云母"在唐代指矿物云母，因此此处的原理与我们在李白诗中所见相似：含有微量云母或钟乳石，富含矿物质的泉水滋养了诗中所提之茶树。和钟乳石一样，云母也经常用在唐代长生不老药的配方中。[30] 此外，玉泉和云母也是不老仙药的名字。在道教的生理学中，玉泉也指舌根，那里能产生有益的津液，在练习呼吸吐纳时用以润泽身体内部。[31] 很显然，用来烹茶的泉水被视为天生具有许多优良品质，因此对茶的兴趣刺激人们对泡茶所用各种泉水的品质也产生了兴趣。

81　　　尽管李白和李华的这两首诗展示了茶与僧人、寺院的联系，但是早期一些诗歌对饮茶者的宗教取向比较含糊，诗人们偶尔也谈起僧人以外其他类型的隐士。在 8 世纪中叶"饮茶热"的初期，储光羲（707—759）在其《吃茗粥作》中书曰，"淹留膳茶粥，共我饭蕨薇"。[32] 该诗大概是诗人访茅山一隐士时所作，茅山与著名的道教上清派有关，因此储氏的朋友很可能是道士。[33] "茶粥"（用煮出来的茶汁做的米粥）一词早就频繁出现，尤其是在本草著作中，而"蕨薇"指的是唐代隐士的食物。[34] 在关涉道教或道士的唐诗中，特别提及茶的非常少，但是在唐代隐士的生活方式中，茶似乎比较重要，茶粥在某种程度上比其他备茶、饮茶法更多地与隐士有关。中古时期的一系列证据表明，与陆羽及其他人鼓吹的更精致的备茶法相比，茶粥或者茶汤被看作一种有药用价值或营养的食物。

### 新的文化空间：寺院饮茶

有时诗人把名刹的某种茶当作写作题材，如上文李白和李华的诗歌。有时他描述和某位高僧一起喝茶，但也有些唐诗将目光投注于在寺院饮茶的经历,这种经历及其在文学艺术作品中的表现对于贯穿后世的对茶的审美发展具有重要意义。

　　盛唐诗人岑参描写了夜宿寺院见一茶园的情形。[35] 在作于763年秋的《暮秋会严京兆后厅竹斋》中,诗人形容了茶的色与香,令人如临其境:"瓯香茶色嫩,窗冷竹声干。"[36] 对该诗而言,寺院是一个适合静思的地方——而茶最适合静思默想之时。不过,用茶待客的高官通常以人为主题而不是茶自身。例如,李嘉祐的诗歌提到了五种不同情境下的茶:春天的阳羡茶园;与荐福寺老僧"啜茗翻真偈";送别之茶;独自饮茶;宴席上饮茶。[37] 从环境的多样化可知到李嘉祐的时代,茶已进入官僚生活的各个方面。下面我们来读其中一首以寺院为背景的诗歌:

**同皇甫侍御题荐福寺一公房**[38]

　　虚室独焚香,林空静磬长。
　　闲窥数竿竹,老在一绳床。
　　啜茗翻真偈,然灯继夕阳。
　　人归远相送,步履出回廊。

　　除了茶,李诗还提及绳床。诚如柯嘉豪(John Kieschnick)所言,和佛教徒紧密相关的绳床是中国家具史(以及身体姿态史)上的重要创新。[39] 文人墨客构建了真正享受茗茶的理想化或审美化场景,文人像僧人那样坐在绳床上边啜茗边看佛偈的形象是其中一个重要的元素。我们会看到,优雅、有意义的理想化品茗场景是始终会在明清文人的心中引起共鸣。

　　唐代诗人经常称赞茶激发了他们的诗兴。在唐代知识分子刘禹锡(772—835)写给白居易的诗歌之一《酬乐天闲卧见寄》中,[40] 诗人说"诗情茶助爽,药力酒能宣",[41] 指出了茶的功能之一——正

如酒能增强药效，茶能激发诗情。刘禹锡还进一步抒写了与同伴品茶的经历，即《西山兰若试茶歌》：[42]

83

山僧后檐茶数丛，春来映竹抽新茸。

宛然为客振衣起，自傍芳丛摘鹰嘴。

斯须炒成满室香，便酌砌下金沙水。

骤雨松声入鼎来，白云满碗花徘徊。

悠扬喷鼻宿醒散，清峭彻骨烦襟开。

阳崖阴岭各殊气，未若竹下莓苔地。

炎帝虽尝未解煎，桐君有箓那知味。

新芽连拳半未舒，自摘至煎俄顷馀。

木兰沾露香微似，瑶草临波色不如。

僧言灵味宜幽寂，采采翘英为嘉客。

不辞缄封寄郡斋，砖井铜炉损标格。

何况蒙山顾渚春，白泥赤印走风尘。

欲知花乳清泠味，须是眠云跂石人。

　　刘诗的独特在于他一直关注茶的物质性——其采制、煎煮与分布。它也提供了宝贵的证据，证明顾渚山上一个寺庙的僧房周围生长着茶树。在后面的几章中我们还会遇到顾渚茶，而且我们从其他
84　资料知道，珍稀的茶叶往往长在山寺中或近旁的小块土地上。刘禹锡还述及如何为贵客煮茶——主人亲自采来最嫩的新芽炒制，然后用当地新鲜的泉水煮成一盏香茗。诗人注意到了茶叶的外形与香气，还说这种茶叶好就好在生长在竹子下面长满苔藓的地方，无意中显示了自己的鉴赏能力。有趣的是，他步陆羽后尘，也称神农（诗中呼之为"炎帝"）为茶叶的发现者，不过他把品饮这一堪称"翘英"的春茶的乐趣明确地放在现在而不是远古时期。在诗人笔下，这位

僧人是具有"清泠味"之美妙"花乳"的高雅守护者和鉴赏家。他还说,寄递此茶若用"白泥赤印"缄封会有损茶味,唯有山中隐士知其真味。这里又是诗人把涉及茶之美学的许多元素集中在一起,聚焦于远离宦海沉浮的理想化寺院生活。

刘禹锡的另一首诗《秋日过鸿举法师寺院,便送归江陵》,更间接地用茶再现偶遇高僧的经历:[43]

> 看画长廊遍,寻僧一径幽。
> 小池兼鹤净,古木带蝉秋。
> 客至茶烟起,禽归讲席收。
> 浮杯明日去,相望水悠悠。

在这首诗中,言及茶的仅为茶烟、茶杯之句,但茶的出现显然是为了让读者把茶与僧人静思默观的生活相联结。刘禹锡的这几首诗反映了诗人们如何书写茶——是作为诗歌的主题,抑或是人际交往中用以表情达意的语言宝库中的一个元素。除了上述几例,许多中唐诗人也写诗歌咏茶、寺院、隐士,如孟郊(751—814)经常在诗中提及在寺院饮茶。[44]张籍(767—830)的许多诗涉及隐逸、清寂的概念,并以茶入诗。客观地说,与高僧共饮茗茶的文人形象成为唐诗的惯例。 85

### 茶与友谊,宴饮与送别

对一些唐代诗人而言,茶提供了超脱于尘世的机会,尽管贯穿诗歌的是世俗的人类情感。下面为钱起(722—780)的《与赵莒茶宴》,它是盛唐时期较早的茶诗,也是最早突出茶为宴席上必备之物的诗歌之一。当然，在此种情况下宴席是相当简朴的：只有诗人及其朋友参加。在寥寥数行中诗人涉及了前文早已指出的若干主题：茶被用来和羽客仙人的饮品作比较，并因能洗尽尘心而受到称颂。

> 竹下忘言对紫茶，全胜羽客醉流霞。
> 尘心洗尽兴难尽，一树蝉声片影斜。[45]

提及在宴会上饮茶的唐诗，比如这一首，往往强调宾主闲适地在一起品茗时弥漫于席间的欢乐、安静的氛围，而那些描述用茶送客的诗歌通常会唤起依依惜别之情。显而易见，仕途顺利的唐代文人经历过许多这样的送别宴，因为他们会定期奉召回京，或者被派往其他地方为官。李嘉祐的《秋晓招隐寺东峰茶宴送内弟阎伯均归江州》一诗生动地说明了唐代诗人如何在寺院送别亲朋好友，为他递上临行前的一杯茶：[46]

86

> 万畦新稻傍山村，数里深松到寺门。
> 幸有香茶留稚子，不堪秋草送王孙。
> 烟尘怨别唯愁隔，井邑萧条谁忍论。
> 莫怪临歧独垂泪，魏舒偏念外家恩。[47]

颜真卿（709—784）——与陆羽生平有关，后文会论及其人——任湖州刺史时，收集了曾应邀做客的当地文人的诗歌。联句曾流行于六朝诗人之中，但是唐代已不为人所喜，直到颜真卿和陆羽的朋友、诗僧皎然将其复兴。[48]茶甚至出现在颜氏所集《五言月夜啜茶联句》的题目中，[49]其中颜氏写的诗句为"流华净肌骨，疏瀹涤心原"。

虽然颜真卿的朋友陆羽没有参加这些诗会，但其影响力犹在——形容碗中茶汤的"流华"一词也见于《茶经》。这些诗句就像简明的例子，说明了唐诗经常称颂茶的作用：它不仅净化身体，而且洗涤心灵。颜真卿和陆羽共同创作了许多联句诗，但只有八首流传于世，且无一与茶有关。

### 皎然诗歌中的茶与禅宗

虽然陆羽很少在诗中透露自己对茶的认识，但其好友和同道中人僧侣皎然作了多首茶诗。皎然在当时是一位非常著名的诗人，但后世更多地把他当作诗歌评论家和理论家。[50] 因为文学品位的变化，现在很少把皎然视为唐代的重要诗人。正如我们所料，皎然的大多数茶诗都是关于茶在僧人生活中的位置，诗歌的语言强调内心的纯净与简单，许多诗指向禅与茶之间的联系。皎然和 8 世纪早期禅宗的关系比较复杂，但是有迹象表明他与当时佛学教义和实践的一些主要趋向有关联。[51]

皎然的《饮茶歌诮崔石使君》很好地说明了备茶的精细以及饮茶的益处：[52]

越人遗我剡溪茗，采得金牙爨金鼎。

素瓷雪色缥沫香，何似诸仙琼蕊浆。

一饮涤昏寐，情来朗爽满天地。

再饮清我神，忽如飞雨洒轻尘。

三饮便得道，何须苦心破烦恼。

此物清高世莫知，世人饮酒多自欺。

愁看毕卓瓮间夜，[53] 笑向陶潜篱下时。

> 崔侯啜之意不已，狂歌一曲惊人耳。
>
> 孰知茶道全尔真，唯有丹丘得如此。[54]

诗中皎然称茶能清神，且让人得道——正如从前一章我们对茶与酒的探讨可以推想的那样——他明确比较了"性灵的"饮茶和世俗社会自欺欺人的纵酒，甚至是陶渊明（陶潜）的嗜酒。此外，"何须苦心破烦恼"特别指其时禅宗所谓的"顿悟"。[55]换言之，皎然在诗歌中对茶采取了一种相当严肃的态度。

让我们仔细思考一下为何皎然把茶的特点提到宗教的高度——茶的力量足以让人"得道"。虽然皎然用了"道"这个词，但是他当然不打算用一个明确的道教概念，其实古的汉语佛教文本通常也用它指称觉悟或菩提（bodhi）。但诗中此说仅为前一章中所提之佛教禁酒宣传的一部分，还是饮茶的生理作用实际被认为比得上觉悟的经历？鉴于皎然既是一位诗人，也是阅历丰富的虔诚僧人，他在说饮茶能使人得道时有多认真？我们应该如何认识出现在乍看之下非宗教文化语境中的得道之说？这些问题不易回答，但是值得我们在阅读皎然及其同时代人的诗作时深思。

皎然不只在《饮茶歌诮崔石使君》一诗中将茶与禅宗并论。例如，他在另一首诗中写道，"识妙聆细泉，悟深涤清茗"，[56]他还用更写实的笔调叙述说"清宵集我寺，烹茗开禅牖"。从这句诗我们可知夜晚坐禅时用茶来消除睡意。对皎然而言，茶和禅学、禅修结合在一起。

从《对陆迅饮天目山茶因寄元居士晟》中，我们能看到皎然对煮茶及其目的的思考：

> 投铛涌作沫，著椀聚生花。
>
> 稍与禅经近，聊将睡网赊。[57]

换言之,皎然和友人能在夜晚继续学禅和佛经是因为茶使他们不思睡。但茶不仅仅是一种功能性的刺激物,它也具有审美属性——茶倒入茶碗时会产生称作"花"的沫饽。而且正如我们在颜真卿诗中所见,此处皎然谈到的煮茶法和其友陆羽在《茶经》中描述的完全一致。[58]除了诗中明显的宗教内容,似乎皎然最早在诗歌中描述同时代陆羽提出的煮茶法。

皎然除了作诗描述饮茶,也会写到采茶。在下面这首关注茶多于禅的诗歌中,皎然也不忘提起与采茶有关的仙人:

### 顾渚行寄裴方舟[59]

我有云泉邻渚山,山中茶事颇相关。

鹖鴠鸣时芳草死,山家渐欲收茶子。

伯劳飞日芳草滋,山僧又是采茶时。

由来惯采无远近,阴岭长兮阳崖浅。

大寒山下叶未生,小寒山中叶初卷。

吴婉携笼上翠微,蒙蒙香刺罥春衣。

迷山乍被落花乱,度水时惊啼鸟飞。

家园不远乘露摘,归时露彩犹滴沥。

初看怕出欺玉英,更取煎来胜金液。

昨夜西峰雨色过,朝寻新茗复如何。

女宫露涩青芽老,尧市人稀紫笋多。

紫笋青芽谁得识,日暮采之长太息。

清泠真人待子元,[60]贮此芳香思何极。

89

在这首诗中,皎然——现实生活中既是一位出身高贵的名僧,又是当时有影响力、交游广泛的诗人——把自己塑造成一个在山里四处寻找野生茶树的简单"山僧"。他把茶叶比作天上的仙药之类——茶芽比玉英细嫩，茶汤比金液味美。最后，皎然自喻为等待徒弟子元的汉代仙人清泠（灵）真人。虽然诗歌主要关注山野之茶的物理特性和采摘上佳茶叶的经历，但是它也不时提及茶叶超越现世的性质，总是想把茶说得更脱俗。

90　　　前面已指出，皎然是陆羽的朋友及合作者，他曾写过一首名诗歌颂他们的关系与品茗活动。该诗描写了农历九月初九日一僧人（当然即他本人）和陆羽一起饮茶，共度重阳节。尽管陆羽在寺院长大成人并且终生与佛教徒交往，但他主要的身份认知仍被称为文人。该诗也提及名人陶渊明的诗篇，陶渊明是第一位歌颂重阳节，使重阳节饮菊花酒渐成风俗的诗人。[61] 因为"九"音同"久"，因此九九重阳节与长寿有关，也因而有饮菊花酒的习俗。对阅读此诗的唐代读者而言，陶渊明可能是寓旷达于饮酒的典范，当时中国的高雅文化也追求旷达。[62]

### 九日与陆处士羽饮茶

九日山僧院，东篱菊也黄。

俗人多泛酒，谁解助茶香。[63]

　　在这首短诗里，皎然有意识地比较了酒与茶、肉体长生与精神不朽、陆羽与陶渊明。只为说清自己的观点，他把场景放置在中国某座山上的寺庙里，因此该诗可以解读为皎然大胆地试图重新安放围绕茶而非酒的整个诗歌创作文化。就像皎然的其他许多茶诗，这首诗也非常恬淡、有趣。

　　从这些诗歌我们可以看出，皎然付出很多努力来推动新的饮茶审美情趣的主要元素。他描绘了适宜的环境（寺院、山区）和参与者（文人与僧人），也用道教和禅宗的语言状写茶的烹煮与饮用。这些诗作自身或许不再被视为中国文学的杰作，但是它们对中国文学的影响却是深远的,因为其他诗人和作者也采纳了它们的观点和语言。

### 卢仝《七碗茶诗》

诗人卢仝(795—835)应和了皎然的茶诗,本书第一章中引用的 91 描写饮茶功效的名句即出自其《走笔谢孟谏议寄新茶》一诗,该诗对一位高官赠送剩余的阳羡贡茶表示了谢意。[64] 结合整首诗来考量会有助于理解那些诗句:

> 日高丈五睡正浓,军将打门惊周公。
> 口云谏议送书信,白绢斜封三道印。
> 开缄宛见谏议面,手阅月团三百片。
>
> 闻道新年入山里,蛰虫惊动春风起。
> 天子须尝阳羡茶,百草不敢先开花。
> 仁风暗结珠琲瓃,先春抽出黄金芽。
> 摘鲜焙芳旋封裹,至精至好且不奢。
> 至尊之馀合王公,何事便到山人家。
> 柴门反关无俗客,纱帽笼头自煎吃。
> 碧云引风吹不断,白花浮光凝碗面。
>
> 一碗喉吻润,两碗破孤闷。
> 三碗搜枯肠,唯有文字五千卷。
> 四碗发轻汗,平生不平事,尽向毛孔散。
> 五碗肌骨清,六碗通仙灵。
> 七碗吃不得也,唯觉两腋习习清风生。

92

蓬莱山，在何处？

玉川子，乘此清风欲归去。

山上群仙司下土，地位清高隔风雨。

安得知百万亿苍生命，堕在巅崖受辛苦！

便为谏议问苍生，到头还得苏息否？[65]

那些叙述一碗接着一碗饮茶后效果的诗句，现在很可能是唐代茶诗中最为著名、常常引用的句子，虽然皎然在《饮茶歌诮崔石使君》中描写喝三杯茶时已用过那样的比喻。根据卢仝的说法，连饮数碗茶便能解渴、提神、忘忧，而第五、六碗下肚后就能进入神灵的世界——正如我们在皎然诗中所见。虽然难以断定卢仝在为茶撰写溢美之词时有多真诚，但可以肯定该诗对茶的文化接受有深刻的影响。卢仝的《七碗茶诗》就像是陆羽《茶经》的诗歌版，在许多方面发挥了作用。无论卢仝的写作动机是什么，诗歌内容依然为后世作家欣赏地接受并认真对待。虽然它仅代表茶诗的一种写法，但它显然激励了其他许多人在叙说茶及其功效时达到类似的情感高度。

### 白居易与日常茗饮中的茶诗

白居易是以茶入诗最多的唐代诗人，但他对茶的描述不如迄今
93　我们读到的那些诗歌详细或精妙。诗歌主题通常不过是茶比酒好，但他也提及茶是解宿醒的良药。例如，他在《萧员外寄新蜀茶》中写道："满瓯似乳堪持玩，况是春深酒渴人。"[66]

不过，白居易的许多诗说的是酒的功用优于茶。[67]对他而言，消除愁闷的饮品还是酒，在他的描述中对饮酒的兴趣当然大于对释、道生活方式的兴趣。

从白居易的《食后》中我们看到他比较简单地描述茶,而没有其他许多唐诗里带有审美意味的隐逸、冥想和成仙:

> 食罢一觉睡,起来两瓯茶。
> 举头看日影,已复西南斜。
> 乐人惜日促,忧人厌年赊。
> 无忧无乐者,长短任生涯。[68]

白居易的茶诗避开了其他唐代茶诗中崇高的语言和深奥的暗示,而多锁定于日常生活的领域,旨在抒发失落、懊悔、离别的世俗情感。我们再次看到唐代诗人,即便是那些有明显宗教情怀和宗教归属的人,如白居易,也能随心所欲地选择如何书写茶。下文是白居易的另一首诗,诗中他以茶为媒介表达了对远方朋友的思念,语言依然非常简单直接:

### 山泉煎茶有怀

> 坐酌泠泠水,看煎瑟瑟尘。[69]
> 无由持一碗,寄与爱茶人。

白居易的一些诗歌把注意力集中在煎茶的经历上,《山泉煎茶有怀》告诉了我们唐代煎茶的一些主观经验。[70]例如,用陶瓶(而不是釜)煮水意味着煮水时看不见水中形成的气泡,故而只能通过听水声判断水沸腾的程度。这一技术问题解释了缘何唐诗经常提及 94
沸水的声音,而非其形态。白居易的另一首茶诗则注目于友人所赠新茶的物质性,以及煮茶的经历:

### 谢李六郎中寄新蜀茶

故情周匝向交亲，新茗分张及病身。

红纸一封书后信，绿芽十片火前春。[71]

汤添勺水煎鱼眼，[72] 末下刀圭搅麹尘。

不寄他人先寄我，应缘我是别茶人。[73]

　　这首诗有助于我们了解，在前近代中国，精心选择的茶叶被作为礼物赠送给友人，并附上使交谊常新的书信。白居易自诩"别茶人"，不过他并不依靠像这样寄自远方的礼物来维持饮茶习惯，他在《香炉峰下新置草堂》中说他有自己的茶园："架岩结茅宇，斫壑开茶园。"[74]

　　白居易作了许多内容和感情与上文所引用的那些诗歌类似的茶诗，但是在很大程度上它们关注茗饮日常的一面，及其与身边或为时空所隔的友人的关系。[75] 白居易的好友元稹（779—831）也爱茶，他对茶诗的主要贡献是写了一首关于茶的宝塔诗，第三章中已引述。通过比较元、白，我们能分析出唐代茶诗的内容。诗人们对茶并未达成真正的共识，他们可以把对茶的物质方面的兴趣与对其精神方面的兴趣结合起来。对唐代茶诗的研究，包括本文没有提及的其他许多茶诗，表明诗人以不同方式处理茶这一主题。一些诗人创作了许多诗篇，叙说他们在茶身上发现的优良品质，信手拈来佛道超然物外的语言，以展现茶神秘的力量。也有些诗人把茶作为日常必需品，用它唤起人类的情感。这两种写作都影响了中国茶文化。

## 小　结

我们在前一章已发现,茶本质上是唐代的发明。因为经典文学或备受推崇的诗人如陶渊明的作品中无先例可循,唐代诗人不得不或多或少从头寻找书写茶的方式。从本章我们已看到他们做出的各种选择——在他们笔下,茶是酒的替代品或解酒药;他们强调茶的物质性和煮茶的过程,也用涉及精神的字眼,有时是具体的宗教术语来颂扬茶的精神性。

在为精英阶层品茶赏茶营造新的文化空间中,唐代诗人无疑发挥了关键作用,他们经常把种茶和饮茶放在宗教环境如寺院里。他们在这一新的诗歌前沿的耕耘,为后世大约一千年的许多茶文化活动构建了框架,唐代茶诗(尤其是卢仝的诗句)将为一代代的爱茶人和未来的诗人所引用或提及。唐代诗人主要利用宗教文献创造了许多茶的术语和审美观念,而白居易等人没有借用宗教的语言和概念来书写茶,说明把茶放在宗教的框架下是其他诗人有意的选择。

# 第五章　茶圣陆羽：陆羽生平与作品的宗教色彩

　　本章介绍世界首部茶学专著《茶经》的作者陆羽（733—804）的生平及其作品。[1]我们会看到，陆羽的生活和作品都深受中古中国宗教氛围的强烈影响。作为孤儿，他被佛教寺院的住持收养。长大后，他逃离寺院，到一个戏班子做了一段时间的优伶，成年后大部分时间都活跃在文人知识分子的圈子中。他的朋友很多，包括前一章提到的诗僧皎然，著名书法家怀素（737—799，一说725—785），以及其他一些无宗教信仰的知识分子和重要道书的作者。不过，陆羽不仅仅与宗教界相关。《茶经》的刊行使茗饮传遍大唐帝国，其影响如此之大，令陆羽死后不久即被祀为茶神，鬻茶者用茶或水浇灌陆羽陶俑。[2]

　　要了解陆羽生平的宗教维度，我们不仅要考虑他在寺院长大的背景，还要考虑他后来的自我认同以及他与其他宗教人物的交往。至于其《茶经》，我们也不得不思考，喝茶，当时可能已被陆羽审美化、普及化、商品化，在多大程度上是僧人遁世生活的一个元素。从这个角度来看，我们应该注意陆羽的僧侣友人皎然和道家朋友张志和、李冶（即李季兰，卒于784年）对其生活和写作的影响。陆羽生活在一个五代思想非常活跃的文人圈里，这些人不仅写诗，还卷入8世纪宗教的一些重大发展，尤其是禅宗思想与文献的传播、创作。了解陆羽《茶经》所代表的美学转向及其宗教根源是本章的目的之一。

图 5.1　茶神陆羽瓷偶，五代　　　　97

### 历史语境下的陆羽

陆羽一生很可能著述颇丰，但大部分作品已失传。11世纪的政治家、历史学家欧阳修（1007—1072）在其《集古录跋尾》中著录陆羽的作品，共计六十多卷。[3] 陆羽的作品范围很广，涉及族谱、历史传记、地方志和占梦等，但诚如欧阳修所言，"独《茶经》著于世耳"。因此我们很难在陆羽著作宏富的背景下来评价《茶经》，但可以说他对茶文化的发展产生了最大的影响。

98 　　陆羽所处的社会政治背景，对于其思想和兴趣的形成无疑具有重要意义。陆羽成长的开元时期（712—756）相对安定繁荣，与安史之乱（755—763）及之后的动荡形成了鲜明对比。[4] 安史之乱对唐王朝产生了破坏性影响，人民颠沛流离，致使唐代精英阶层的社会结构分崩离析，对知识分子和宗教活动产生了重要的影响，因为思想者试图跟上社会秩序急剧而难以预料的变化。唐王朝突如其来的衰败和稳定生活的消失，使得陆羽及其同时代人深受其害。[5] 陆羽的《四悲诗》和《天之未明赋》都反映了这场危机。[6] 因此，我们不仅应该关注陆羽及其作品深远的历史影响，还应关注当时的文化背景。

　　从茶史的长时段视角来看，《茶经》的出现标志着饮茶从药用/健康的主要目的最后转向了各种私人与社交场合的品饮。换言之，在陆羽及与其过从的文人、诗僧等的推动下，饮茶这种小范围的地方习俗转变成具有中国文化特色的艺术形式与行为。陆羽身边的人及后来受《茶经》启发而自己提笔书写茶的人构建了品茗的语言和美学，他们和陆羽的《茶经》都影响了这一转变。

　　陆羽在世时绝非默默无闻，死后更是声名远播。9 世纪的文学家皮日休在其《茶中杂咏》序（作于 853—855 年间）中，再次提及从饮酒到品茗的转变，并指出陆羽及其作品实有功于茗饮的推广。[7] 晚唐僧人齐己的《过陆鸿渐旧居》则推进了陆羽茶圣地位的确立。诸如此类的纪念作品在陆羽去世后的一百年里一直屡见不鲜，[8] 甚至在很久以后，人们仍然对《茶经》及陆羽抱有浓厚的兴趣——晚明著名的鉴赏家陈继儒（1558—1639）即为一例，他写过一则关于陆羽的鲜为人知的故事：有一次陆羽回到家中，发现丫鬟烧毁了让她烘焙的茶叶，就把丫鬟推入了火中。[9]

让我们看一看皮日休在9世纪后期描述的茶叶的兴起以及陆羽在其中扮演的角色。

99

按《周礼》酒正之职，辨四饮之物，其三曰浆。又浆人之职，供王之六饮：水、浆、醴、凉、医、酏，入于酒府。郑司农云："以水和酒也。"盖当时人率以酒醴为饮，[10]谓乎六浆，酒之醨者也，何得周公制？《尔雅》云："槚，苦茶。"即不擷而饮？岂圣人之纯于用乎？亦草木之济人，取舍有时也。

自周以降，及于国朝茶事，竟陵子陆季疵言之详矣。然季疵以前，称茗饮者，必浑以烹之，与夫瀹蔬而啜者无异也。季疵始为经三卷，由是分其源，制其具，教其造，设其器，命其煮，俾饮之者，除痟而去疠，虽疾医之不若也。其为利也，于人岂小哉！

余始得季疵书，以为备矣。后又获其《顾渚山记》二篇，其中多茶事，后又太原温从云、武威段碣之各补茶事十数节，并存于方策。茶之事，由周至于今，竟无纤遗矣。昔晋杜育有《荈赋》，季疵有《茶歌》，余缺然于怀者，谓有其具而不形于诗，亦季疵之余恨也。遂为十咏，寄天随子。[11]

陆羽去世五十年后，皮日休简要回顾了从远古的周代至当时的中国饮品史，记录了从饮酒到喝茶（不是作为药汤，而是一种精制的清饮）的文化变迁，反映出陆羽《茶经》及其观念在精英阶层传播之快。就晚唐文人而言，当时茶的盛行不是市场力量造成的偶然现象或客观结果，也不是顺应大众口味的变化，而是因为有一位圣人一般的知名鼓吹者——陆羽。虽然这一结论的准确性有待考证，因为

100

它把文字对推广茗饮的作用放在了其他传播手段之上，但我们必须承认，这就是精英阶层关于陆羽及其《茶经》之价值的主流叙述。


### 陆羽生平的史料来源


　　要勾勒出陆羽的生平并非易事，尽管我们掌握着包括他自己的著述在内的多种史料来源，但是围绕一些最基本的事实仍然存在着许多混乱与矛盾，即便其自传也常常含混不清。761 年，年仅 29 岁的陆羽撰写了《陆文学自传》，后来它被选入宋初重要的诗文总集《文苑英华》中。[12] 此外，齐己《过陆鸿渐旧居》的附记显示，该自传还被刻在了陆羽故居附近的石井上。[13] 在官方正史《新唐书·隐逸传》中有正式的陆羽传。由于陆羽的佛教背景及其与高僧的关系，僧人念常（1282—1344）在其编年体佛教史《佛祖历代通载》中也记有陆羽事迹。[14] 后来元代政治家、诗人辛文房（活跃于 1300 年）关于唐、五代诗人生平的《唐才子传》是研究陆羽生平的另一个重要资料来源。[15]

　　除了这些比较详尽的传记材料外，我们还可以在一些简短的逸闻轶事中找到重要信息。9 世纪 20 年代，朝廷官员李肇（卒于 836 年前）著有记载当时朝野轶事、见闻和传说故事的《国史补》，其中有许多条目与茶有关，其中一条专述陆羽生平。[16] 赵璘（834 年进士）的唐代轶事集《因话录》中有一段关于陆羽的简要述评。[17] 宋代的《太平广记》也收录了 9 世纪早期《大唐传载》中关于陆羽的记录。[18]

　　梅维恒（Victor Mair）曾全文翻译《陆文学自传》，西脇常记的一项重要研究也以之为对象。[19] 这篇杰作是中国文学史上最早的自传之一，但它并没有说清陆羽生平中的许多含混不清之处。文章语言生动、风格诙谐,不回避真情实感,将年轻时代的陆羽描述成一个古怪的隐士,他"独行野中,诵佛经,吟古诗"。[20]在这篇以第三人称撰写的自传中,作者呈现了一个自然朴实的形象——"随身惟纱巾、藤鞋、短褐、犊鼻"——隐晦地揭示了自己的生活和生活观。他的自传确实想使他与众不同,而且他似乎也确实很享受这种非常规的生活。陆羽不是一个仰仗他人研究的书斋里的专家,而是遍访山泉、在各地躬身植茶。他的一生中有许多宗教趣事,我将利用现存的各种资料,大致按照时间顺序来讲述陆羽的故事。[21]

### 陆羽的传奇出身

在其自传中,陆羽没有提供关于其出身的实质性信息,只写道"不知何许人",后文又补充道:"始三岁,茕露,育于大师积公之禅院。"[22]后来的传记,最早是《国史补》,增加了智积禅师(即陆羽提到的"大师积公")在河堤边发现男婴的很有画面感的细节。[23]更晚的资料,如天门县地方志,描述了深秋的一天,智积禅师经过一座石桥,听到河边的芦苇中传出群雁哀鸣之声,其间夹杂着婴儿微弱的哭泣声。循声找去,禅师发现一个男婴冻得瑟瑟发抖、哭个不停,而一群大雁正展开翅膀以免这个男婴遭受风寒。智积满心怜悯,把男孩裹在僧袍里,带回寺院抚养。[24]陆羽婴儿时期与大雁的渊源似乎是他的名字"鸿渐"(即"鸿渐于陆")的由来,后面会专门讨论。所有资料都显示,陆羽在三岁时,即开元二十三年(735)被收养,由此可知陆羽出生于733年。但我们无从得知陆羽被遗弃时的年纪,不排除他的父母或亲戚将他送给智积禅师时告知其年龄的可能。

我们已看到陆羽生平中的传奇色彩——相貌奇特、幼时被弃、由僧人收养、早慧。很难说它们是真实地记录了陆羽的异乎寻常, 102

或只是圣人传记的惯例，比较同一时代禅宗六祖慧能（638—713）的传记或许能让我们有所悟。[25]

对陆羽的养父我们不甚了解。在自传中，陆羽尊称其为积公。《因话录》称他为"龙兴寺僧，姓陆"，只有《国史补》提供了两个字的法号"智积"。[26]《因话录》将寺名龙盖寺误作龙兴寺，后因智积禅师的纪念塔建于寺旁，该寺复更名西塔寺。[27]寺院位于竟陵西湖（今湖北天门县）岸边，始建于南齐（479—502），时称方乐寺。它在隋代应该比较有名，因为它在著名的仁寿年间（601—604）隋文帝诏令全国同时安奉舍利入函的运动中建舍利塔供奉舍利。[28]1987 年的《天门县志》称，早期龙盖寺与高僧支遁（314—366）也有渊源。[29]目前尚不清楚龙盖寺何时废弃，如今其遗迹已荡然无存。

虽然陆羽说自己是孤儿，但有资料显示他可能有兄弟姐妹。颜真卿、戴叔伦（732—789）这些他晚年的朋友写给他的诗作中称他为"陆三"，[30]说明其很可能有两个哥哥，当然，"三"也可能指他在智积弟子中的排行。

众所周知，陆羽姓陆，名羽，字鸿渐，但在其自传中，作者引入了一些不确定因素，他写道："或云字羽，名鸿渐，未知孰是。"[31]这个说法令欧阳修不解，由此认为陆羽的"自传"不可能是他自己所写。[32]皮日休的文中说陆羽名"疾"或"季疵"，但是如果他真是一个和尚捡来的小孩，他从哪里得到这些名字呢？对此陆羽未作解释。在其他资料中，我们可以看到众多关于其名字来源的故事。《国史补》提到，陆羽养父用《易经》占卜得其名，《易经》第五十三卦（渐愉）曰："雁渐于阿，其羽可用为仪，吉。"于是为其取陆为姓，羽为名，103    "鸿渐"为字。这是关于陆羽姓名起源的最早记录。《新唐书》说是陆羽自己占得一名，时间晚得多的《唐才子传》则认为，陆羽拒绝削发为僧时（可能是八九岁时）查《易经》寻得其名。[33]如果他真的这么晚才有名字，那他小时候叫什么呢？

据《因话录》和《大唐传载》记载,他从养父的俗家姓取姓陆。《因话录》的记载可能更为可靠,因为作者的外祖父柳中庸(卒于775年)与陆羽私交甚密,可能获取了其生平的第一手资料。[34] 这也符合唐律关于收养的规定:"弃儿在三岁以前被收养,可取其养父母的姓氏。"[35] 当然,在古代中国,采用养父姓氏会比通过占卜来确定姓氏更为普遍,陆羽似乎是占得姓的唯一一个广为人知的例子。[36] 我们知道,僧人(如李白的族侄)会用《易经》占卜取法名,这可能是陆羽得名故事的灵感来源。

### 陆羽寺院中的童年

陆羽本人对其童年的寺院生活鲜有述评,其余官方传记对于他在这段时间的生活和真实状况也语焉不详。它们只说积公"育"陆羽,却未提他想让陆羽削发或受戒,[37] 只有元代《唐才子传》明确提到陆羽"耻从削发"。[38] 在自传中,陆羽称自己九岁开始读书,师父向他解释了僧人的使命后,他答道:

> 终鲜兄弟,无复后嗣,染衣削发,号为释氏,使儒者闻之,得称为孝乎? 羽将校孔氏之文可乎?[39]

禅师要求陆羽学习佛教文献,而陆羽却坚持要求学习儒家经 104 典。禅师灰心后,佯装不疼爱陆羽,罚他做寺院贱务——扫寺地,洁僧厕,以脚踩泥用来涂墙壁,背瓦片修屋顶,放三十头牛。有趣的是,乔根森(John Jorgensen)已注意到,这些自传的内容与禅宗六祖慧能的早年生活颇为相似,慧能也是寺院的孤儿,在寺院碓房里干活。[40] 没有纸练字,陆羽就用竹笔在牛背上画着练习。在陆羽的

《僧怀素传》中，对于僧侣书法家怀素年轻时代的境遇也有过类似的描述。[41] 陆羽在描述其童年生活和对儒家经典的学习时很可能都带有杜撰的色彩。

一天，陆羽从当地一位读书人那里得到张衡（78—139）著名的《南都赋》。[42] 他看不懂，就模仿他看到过的学童的做法——端坐在草地上，展开书卷，动动嘴巴，装作在诵读。智积知道这件事后，担心陆羽的思想会受到世俗文学的影响，就把他管束在寺院里，让他在寺中年长者的监督下修剪寺院里的草木。但陆羽却迷上了文学，有时他回想书上的文字就会精神恍惚，看管的人就用鞭子抽他，直到鞭子断了才停手。

745年，13岁的陆羽逃离了寺院，加入了一个戏班，著首部文学作品——《谑谈》三篇。[43] 积公找到了他，把他带回寺院，承诺允许他以后学习佛教以外的知识并练习书法。从某种意义上说，陆羽喝茶的习惯来自养父。据说陆羽离开寺院后，多年来智积都不再喝别人煮的茶。陆羽对其养父也很有感情，在他逝世十多年后，朋友周愿（活跃于773—816年）写了一篇文章《牧守竟陵因游西塔著三感说》，描述了为纪念智积禅师所建的佛塔：[44]

> 105　　噫！我州之左，有覆釜之地，圆似顶状，中立塔庙，篁大如臂，碧笼遗影，盖鸿渐之本师像也。悲欤！似顶之地，楚篁绕塔。塔中之僧，羽事之僧；塔前之竹，羽种之竹。视天僧影泥破竹，枝筠老而羽亦终。予作楚牧，因来顶中道场，白日无羽香火，退叹零落，衣摇楚风，其感三也。[45]

正如我们所看到的，虽然陆羽逃离了僧侣生活，但他并没有背叛养父和他的宗教信仰，他多次和朋友谈及对养父和佛教的深厚感情。虽然我们不能肯定，但很可能是陆羽为纪念其养父建造了这座佛塔。在那个时代,陆羽显然是一个具有明显佛教背景的思想家,他对世俗经典的热爱决不意味着与早年教育的决裂。

### 少年成名:跻身精英文坛

陆羽的文学才华最早是被前河南尹李齐物(卒于762年)发现的。由于一场冤狱,李齐物在唐天宝五年(746)七月被贬为竟陵郡太守,[46] 他第一次见到陆羽是在一场宴会上,当时陆羽受雇负责宴会的娱乐活动。[47] 李齐物将自己的诗集赠与年轻的陆羽。显然,陆羽14岁便能跻身精英文坛,与他的个人能力是分不开的。与他的文学天分同步发展的是他的茶艺,早在750年,18岁的陆羽就已经品饮过各种茶,并收集相关信息。751年或752年,李齐物返回京城,之后不久陆羽结识另一位官员、诗人崔国辅(678—755),当时他被贬为竟陵司马。这是陆羽早年生活中另一场文学胜缘。[48] 然而,陆羽的美好前景刚一开始,就被一件大事终止。

### 陆羽南迁及《茶经》初稿

755年,安禄山造反,杀向洛阳,同年崔国辅逝世。756年,叛军占领唐都长安,24岁的陆羽和许多中原难民一起渡过长江,避乱江南。他先到湖州吴兴,此后的四十八年,他一直在江南地区探索茶文化。757年,在吴兴乌程县杼山妙喜寺,陆羽首先结识可能是当时中国东南地区最著名的诗人皎然,[49] 开始了一段终生的友谊,历经四十余年,始终不渝。大约也是在此期间,他又在妙喜寺认识了另一位著名诗僧,皎然的弟子灵彻(746—816)。灵彻曾教授青年刘禹锡（772—842）写诗，刘是唐代著名的诗人与思想家，后来曾为灵彻的诗集作序。[50] 灵彻也是早期禅宗文献史上的重要人物，禅宗重要史传《宝林传》的序文即出自灵彻之手。[51] 陆羽在妙喜寺住了三年。尽管安禄山叛乱及其余波对唐而言是一场灾难，但陆羽却因之与一些原本或许无缘相见的重要宗教人物和知识分子结缘。

陆羽的活动不局限于庙宇以及与僧侣过从，759 年，他到道教上清派发源地江苏茅山采茶。次年，去太湖品无锡泉水，后作《惠山寺记》，惜已失传，一如其大多数作品。回到吴兴后，陆羽在妙喜寺西南的苕溪畔筑一小屋，开始与戴叔伦、著名女诗人李冶等人交往。[52]

这段时期，陆羽游历扬州、镇江，品泉鉴水。他在今南京栖霞山品饮当地茶叶，与皇甫冉（714—767）及其弟皇甫曾（卒于 785 年？）建立了深厚的友谊。皇甫兄弟均为丹阳的进士，都写过关于陆羽的诗歌：皇甫冉的《送陆鸿渐栖霞寺采茶》和皇甫曾的《送陆鸿渐山人采茶回》。[53] 皎然的诗《往丹阳寻陆处士不遇》也出自这一时期。[54] 除了皇甫兄弟，皎然的诗中还提到陆羽的另一位朋友权德舆（759—818），当时最重要的政治家和思想家之一。可见，虽然陆羽被迫离乡，但他在南方却结交名流，重获机会，其友人中不乏当时最有趣和最活跃的思想家。

761 年，即陆羽作自传的那一年，他自陈如下：

> 上元初（760—761），结庐于苕溪之湄，闭关对书，不杂非类，名僧高士，谈宴永日。常扁舟往山寺，随身惟纱巾、藤鞋、短褐、犊鼻。往往独行野中，诵佛经，吟古诗，杖击林木，手弄流水，夷犹徘徊，自曙达暮，至日黑兴尽，号泣而归。故楚人相谓，陆羽盖今之接舆也。[55]

在这里，陆羽将自己描述成一个追求真与美的狷狂隐士。他住在简陋的茅屋中,但仍与其他名僧高士保持最高洁诚挚的关系。至于其宗教兴趣,显然依然心系佛教——他与高僧相伴,经常诵读佛经。这种形象在其他资料中得到了印证。

761 年,陆羽在写自传的同一年完成了《茶经》的初稿。762 年,陆羽 30 岁时,他的恩公李齐物去世。之后的两年中,他住在吴兴,但足迹遍江南,一边对茶叶进行实地调查,一边修改《茶经》。他不仅观察茶叶生长,还在各地植茶。他在长城县(今长兴)顾渚山、宜兴县(今宜兴)唐公山等地开辟茶园,观察不同地区茶叶的生长情况。

### 《茶经》的书写与精英阶层的认同传播

重现陆羽的生活并不容易,我们只能从他朋友或自己的诗中瞥见某些时期的一鳞半爪。763 至 769 年,陆羽 31 岁到 37 岁的时光多半是在龙山度过——但究竟是润州江宁县的龙山,还是常州无锡的龙山并不十分清楚,我们只知皎然曾作《赋得夜雨空滴阶,送陆羽归龙山》一诗。[56] 这段时间里,皇甫冉曾于太湖之滨的别庄里养春病,陆羽前来看望,皇甫写了一首诗,表明陆羽离开后去了越州(今绍兴)。[57] 陆羽自己的诗《会稽东小山》亦可为证。[58]

据《茶经》记载,764 年,时年陆羽 32 岁,他设计的装饰复杂又具有象征意义的特殊茶具风炉铸成。[59] 765 至 767 年,他常从吴兴赶到常州宜兴的君山采茶。768 至 769 年,其友皎然在苕溪畔建了一个草堂,距陆羽 760 年建成的小屋三十里。[60] 770 年,皎然邀陆羽到其草堂同住,同年皇甫冉去世。

772 年,陆羽开始与当时另一位风云人物颜真卿(709—785)交往。根据颜氏的《妙喜寺碑铭》,当年这位政治家、文学家到吴兴后初识陆羽,[61] 与见到道家诗人张志和是同一年。[62] 773 年,陆羽与

108

皎然、周愿等五十多位文人齐聚颜真卿寓所，编纂 360 卷的《韵海镜源》(已佚失)，这是一部按韵编排的大型类书。[63]这显然是个重大的文学工程，陆羽又厕身其间，且经常成为颜氏的座上客。他们共同完成了《吴兴记》十卷。

陆羽与颜真卿的交往不止于文学领域，还有其他重要方面。唐大历八年十月廿一日(773 年 11 月 10 日)，杼山"三癸亭"落成。"三癸亭"由陆羽设计、真卿书匾额、皎然赋诗。[64]颜氏述曰，该亭因为建于传统的干支纪年中的癸丑年、癸卯月、癸亥日而得名：

109

> 陆处士以癸丑岁、冬十月癸卯、朔二十一日癸亥建，因名之曰三癸亭。[65]

倪雅梅(Amy McNair)在研究颜真卿时解释说，陆羽选择以三癸亭为名表明他老于世故："三癸亭是一个双重双关语，它也利用杼山上的'三桂'(指丹、青、紫三桂——译者注)隐喻三位重要人物。"[66]这个亭子的命名充分反映了陆羽为人处世的智慧，不难想象，颜一定很庆幸在这远离大都市的地方仍有如此应付裕如、聪明过人的朋友。

颜真卿的文士圈在宗教信仰上兼容并包，在文学和艺术上都才华横溢。颜氏出生于儒学之家，却为许多著名道人修葺仙坛，他为魏华存(252—334)等道教圣人撰写的碑铭证明他精通道教故事。[67]尽管颜真卿本人或许不信奉道教，但他与当时的道教人物有着密切的联系，并在死后被道教奉为神仙。[68]颜真卿的文士友人中有一位重要的道教人物，即《玄真子》的作者张志和，[69]在前面的章节中我引用过其中一则逸事。颜真卿撰写的张氏墓志铭中也提到了陆羽。颜氏交游圈中的文人学子无论出身如何，都对语言有强烈的兴趣，并对老庄有一些研究。在这些方面，他们和六朝诗人相似。

他们效仿六朝诗人作联句诗——这种诗体湮没已久,颜真卿和皎然却将它复兴。[70] 陆羽的个人生活不仅与僧人道士,也和注重个人修养的文人雅士密切相关。

775 年前后,陆羽和颜真卿圈子中的其他人发生了重大变故。友人张志和卒于 774—778 年。775 年,颜真卿助陆羽建成青塘别业,或谓之"陆羽新宅"。775—776 年,皎然到此访陆羽,并赋诗一首。[71] 777 年,颜真卿返回京城,与陆羽的交往告一段落。777—778 年,陆羽在君山临时结庐隐居,皎然来访,作诗《喜义兴权明府自君山至,集陆处士羽青塘别业》。[72]

### 《茶经》付梓及陆羽的晚年生活

780 年左右,48 岁的陆羽将《茶经》付梓。该书的初稿完成于 761 年,之后屡经删修增补。书中提及的最后一件事发生在 765 年——平定安禄山叛乱的次年。除了刊印这部最著名的作品,780 年在其他方面对陆羽而言是一个转折点。年少时不愿为官的陆羽,此时为朝廷所用。780—783 年,陆羽被诏拜为"太子文学",请辞;再拜"太常寺太祝",再辞。[73] 如此短暂的政治姻缘,陆羽对国家政策或宫廷政治的影响必然很小。

780 年后,随着朋友与合作者相继离世,陆羽的辉煌时代逐渐消逝。784 年,因曾献诗叛将朱泚(742—784),劝其即皇帝位,女诗人李冶为德宗所杀。朱曾立国号大秦,改年号"应天"。李冶与皎然、陆羽的交情始于 760 年,此后长期保持着联系,陆羽对比其年长许多的李冶怀有特殊的感情。785 年,皇甫曾、颜真卿去世。

短暂为官后,陆羽回到了他熟悉的南方。785 年,他在信州上饶府城西北建了一处新居。他的朋友诗人孟郊(751—814)前来祝贺,

110

作诗一首。[74]

786 年，李齐物之子李复任容州（今广西容县）刺史。[75]李复是 8 世纪八九十年代陆羽的主要资助人。上文引述过的周愿"牧守竟陵"文显示，这一年，陆羽、周愿、马总曾在李复处久居，直到 794 年李复再任滑州刺史，陆羽方才离开。789 年，李复迁广州刺史、岭南节度使，陆羽、周愿、马总陪其一同赴任。792 年，李复官拜宗正卿，陆羽或同行或于是年返回吴兴的青塘别业。第二年，李复被任命为华州刺史（现陕西华县）。自 793 年始，陆羽居苏州，长期寓虎丘，或许直至 798 年。其间老友皎然曾来访，有《访陆处士羽不遇》诗。[76] 794 年，李复任华州刺史（今河南滑县），周愿随行。

111　《茶经》刊行后，晚年的陆羽继续著书。795 年，撰成《吴兴历官记》三卷、《湖州刺史记》一卷。虽然 794 年后其居所很难查证，但很可能陆羽留在了湖南，为其已亡故的旧友书法家怀素作传。[77]

晚年的陆羽对茶依然有浓厚的兴趣。796 年，他在虎丘山品泉植茶。797 年，陆羽晚年的资助人李复卒于任内。799 年，可能是因为得知皎然即将离世，陆羽回到吴兴。皎然圆寂于 800 年左右，四年后的 804 年，陆羽在吴兴去世。[78]从孟郊写的一首诗可以推断，陆羽葬于杼山妙喜寺前，苕溪畔，毗邻皎然塔。[79]他们二人生相知、死相随。

### 《茶经》的内容与结构

相较于其影响力，《茶经》的字数并不多，仅为三卷，7000 余字，比《道德经》多 2000 字左右而已。虽然《茶经》篇幅不长，但内容涵盖面广，包括茶树种植、茶叶制造，以及茶的历史和饮用方法。该书书名看起来可能具有煽动性比较夸张，因为它将茶提升到了只能用

"经"来描述的高度,但这种用法似乎并没有受到陆羽同时代人或后世学者的责难。关于书的结构与内容,陆羽并无先例可循,但他把全书分为三卷十目,很可能无意识地借鉴了佛道清规戒律的模式,它们常常采用类似的组织结构。[80]

《茶经》前三部分涉及茶树、制茶器具、采制方法;第四部分记载煮茶、饮茶的器皿;第五部分叙述烹茶方法;第六部分讲述如何饮茶;第七部分从一些文献里摘引茶史资料,其中某些文献我们已在第二章做过探讨;第八部分列举当时主要的产茶区——大多数他都亲自考察过;第九部分指出制茶、煮茶器具可酌情省略;第十部分提出应以绢素写《茶经》,陈诸座隅。

《茶经》文字洗练、内容丰富、观点权威。陆羽以简明直白的方式介绍茶叶及其制造的相关信息,只有在描绘他设计的风炉等情况时,其笔调才偶尔流露出个人色彩和情感。[81]关于如何备茶的指点非常细致,循序渐进。《茶经》似乎旨在让初识茗饮的人放在手边随时查阅,而不是坐下来一口气读完。它更像是一本操作手册而非理论专著。总的来说,《茶经》具有明显的实用性,无论就其风格或语言而言都很难称为"经"。陆羽的目的似乎是提供全面、丰富的信息,而不是深刻或有哲理的探讨。

《茶经》是独一无二的,但陆羽和《茶经》并不能代表中古茶文化的全部。例如,陆羽提倡的能让茶汤表面产生丰富沫饽的煮茶法,不久即为其他方法取代。同样,《茶经》不厌其烦地谈及必要的煮茶、饮茶器具,但却不包括后来盛行的茶托等茶具。[82]

中国的饮茶法曾经主要有三种:热水泡茶,令香味出;用汤瓶中的沸水点茶粉(盛行于宋代,详见后文);陆羽的煮茶法。用其法煮茶,首先要用竹夹取出茶饼,放在风炉上炙烤,然后碾茶筛茶,取细茶粉。[83]用茶釜在风炉上煮水,第一沸气泡如"鱼目"时,加适量盐。鉴于陆羽鄙弃往茶中添加其他物质,盐的使用令人费解,但在泡茶用水中添加一些矿物质是现在常见的做法，人们认为可以通过软化水来增强其风味。"涌泉连珠"为二沸，此时应舀出一勺沸水。第三沸时用竹筴环激汤心，同时投入茶末①。然后酌茶入碗，每碗茶的上面布满沫饽。从《茶经》可以明确看出，陆羽认为，好的沫饽是茶的精华所在。

### 《茶经》引发的茶文化浪潮

113　　　《茶经》促进了"茶书"这一小文类的发展：关于培育、采摘、备茶、饮茶、品茶、茶文学史等茶各个方面的作品层出不穷。[84] 它们可能集中研究茶的某一特定方面——如水品的选择（如《煎茶水记》）——或者像《茶经》那样，比较全面地涉及与茶有关的主题。茶书的数量取决于人们对五花八门的作品如何归类，学者们提出过共有 28、58、98 种茶书的说法。仅看唐代文人在陆羽《茶经》的影响下撰写的茶书，我们对《茶经》的直接影响就能有所了解。

　　传为 9 世纪初裴汶所作的《茶述》，仅著录在成书于 1734 年的陆廷灿《续茶经》。[85] 马克·切雷萨称除了《续茶经》中摘引了片段，不见于前近代任何他书，[86] 但其实南宋的一部集子中引用过其中文字。[87]《茶述》中留存至今的仅有关于茶起源与性状的百余字，篇幅非常短小。

　　张又新（814 年进士）著有《煎茶水记》。[88] 作为宰相李逢吉（758—835）的"八关十六子"之一，张又新参与了 9 世纪 20 年代的朋党之争。[89] 该书原名《水经》，很可能模仿了《茶经》，但为了避免与更为著名的同名三国地理作品混淆，故改名为"记"。之所以说

---

①　实则应在二沸时。——译者注

《煎茶水记》[90]直接受到陆羽作品的启发,是因为它使用了《茶经》中首次使用的水的分类。文人对品茗的兴趣,促使当时出现了品第水、品鉴水的趋势,与对茶的痴迷并驾齐驱。后来宋代的三篇论水专文被附于张又新的作品之后:叶清臣(活跃于1025年)的《述煮茶泉品》、欧阳修的《大明水记》和《浮槎山水记》。欧阳修这样的文学大家都愿意花费笔墨在水的品鉴上,足以说明对唐宋精英而言,这个话题绝非微不足道。

　　《煎茶水记》分为两个部分。第一部分罗列刘伯刍评定的七等水,[91]第二部分叙述陆羽如何将水分为二十等。814年春天,张又新与友人相期长安荐福寺。在那里,他遇到了李德垂并一同去了西厢玄鉴室。当时恰有楚僧至,囊中携带许多书。张又新抽出一卷,发现卷末题曰《煮茶记》,云代宗(762—779年在位)朝李季卿刺湖州,至维扬(今扬州),逢陆处士鸿渐。李秀卿从陆羽处学会煮茶,因问各处水的优劣,于是陆羽口授二十水。如果上述内容属实,该书源出陆羽和李季卿之间的对话——很容易让人想到禅宗的口传心授和《论语》的语录式。李季卿可能记录了谈话,然后将其附于某篇已亡佚作者的文章之末。张又新偶得后,又将其作为附录,缀在完全是另一位作者所作的品水文字之后,由此编纂成《煎茶水记》。如此看来,张又新只是两种已存在的观点的编辑者——书中并没有他自己的认识。

　　到目前为止(如果我们相信张又新),这篇文章的来历相当明确。然而,从宋代开始有这样一种观点,即二十水之说出自陆羽佚作《水品》。[92]因此,关于文本的起源便有两种不同说法:一种观点认为,它是偶然发现的陆羽"口授"而迄今不为人知的作品。另一种观点认为,如果该书已流传于世,不知为何张又新杜撰了陆羽与李季卿之间的对话。欧阳修提出了第三种可能性:陆羽没有把水分成

114

二十等,因其与《茶经》中的内容不符。他还批评刘伯刍①评水没有
按照《茶经》中的标准,例如二十水中包括了瀑布,而《茶经》提出
"瀑涌湍漱勿食"。[93]在《茶经》中,陆羽已经明确,"其水,用山水上,
江水中,井水下",但《煎茶水记》将河水位列泉水前("扬子江南零
水第七"),井水居河水上("丹阳寺井第十一,扬州大明寺井第十
二")。因此,欧阳修断定陆羽未作此水说,而是张又新妄加附益。
现代学者判断张又新作的真实性时则比较宽容。关于文本真实性
的争论和探讨,显示了陆羽之后的文人们对其作品的重视。

　　《采茶录》作于 860 年前后,作者为晚唐著名诗人、词人温庭筠
115　(约812—870)。[94]关于他的众多传记都没有提及《采茶录》的创作
时间与背景。《采茶录》残本共分五则,每一则以一个字为名,每个
字后均有一相应的小故事(除一则外)。[95]这些故事讲的都是茶事,
五则分别为"辨""嗜""易"(未附轶事)"苦""致"。从中可以看出,
《采茶录》是关于茶的逸事集。但这些逸事为什么收录于此,如何解
释那些与茶不太相关的字尚不清楚。

　　尽管许多茶书都出自名家,但还有许多平凡的作者。《十六汤
品》的各种版本都显示其作者为唐代的苏廙(字元明),元代学者陶
宗仪编纂的逸事资料集《说郛》作苏虞。苏廙事迹无考。据周中孚
(1768—1831)《郑堂读书记》,作者似为宋元间人,但因此书已为陶
谷的《清异录》所引,因此其成书时间当更早,应在晚唐。该书不见
于古代任何书目,因其本非单独的著作,而是苏廙《仙芽传》第九卷
的一部分。《仙芽传》已失传,但《十六汤品》因收录于《清异录》而
得以保存。从《清异录》中我们也可以知道,该书原题为《汤十六
法》,有时也称《汤品》。

　　在众多关于宜茶之水的茶书中,《十六汤品》独树一帜,因为它

---

　　①　应为张又新之误。——译者注

不是根据水源,而是根据水受热后的变化、燃料、容器等进行区分。这方面的内容,陆羽曾在《茶经》中一笔带过。《十六汤品》把汤根据沸腾程度分三种,注法缓急分三种,茶器种类分五种,依薪火亦分五种,共计四类。这部作品的流传表明了读者们热衷于阅读那些阐发于陆羽首先勾画的茶美学的文献。

最后,《顾渚山记》的作者被认为是陆羽。顾渚山即湖州的顾渚,唐代及后世一些最著名的茶叶即产自顾渚。原文中只有五段话因为后人的引述而保存了下来,[96]其中三则逸事见于《茶经·七之事》。这部作品即使曾经存世,影响可能也相当轻微。 116

对唐代其他茶书的概述表明,陆羽的《茶经》无疑是一部深入、完整、全面介绍茶的专著,其地位毋庸置疑。它激励了大量茶书先后问世,但依然保持无可争议的"经典"地位,一直被模仿,从未被超越。

## 小 结

陆羽的出身和生活都充满传奇色彩,但如果他没有用《茶经》抓住茶文化浪潮,那么他的生命恐怕只是历史上一个短暂的注脚。尽管后世的作者试图淡化他的佛教背景,但他显然对其养父智积禅师有深厚的感情与敬意。成人后,陆羽与释皎然交谊深厚,皎然是一位将严肃的修行融入诗歌创作的僧人。陆羽的佛教背景无疑影响了《茶经》的内容和结构,但这种影响相当微妙。毫无疑问,他想要写一部众人都能接受的书——他想和尽可能多的人分享茶的知识。从陆羽和颜真卿交游圈的联系来看,当时陆羽主要被誉为一个天赋异秉的思想家和作家,而不是某种宗教思想的倡导者。他认同中庸之道,对官场令人窒息的日常琐事极为厌恶。他有幸与当时最有趣、最具创造力的人物颜真卿、张志和、怀素、李冶、皎然等人相识、合作，他不仅使他们喜欢上茗饮，或许也影响了他们的思想。本章我们再次看到，茶的兴盛不是偶然的，也不由单纯的经济或人口因素决定。相反，各种思想、意向推动了这种新饮品在一个新时代的传播。尽管唐代还有其他茶书，但陆羽的著作无疑最全面、最有影响力。其他作者关于茶或水的撰述，都在《茶经》光芒的掩映之下。

# 第六章　宋代：驱乏提神、活跃社会的茶

因为种植业、国家政策、都市生活、精英和大众文化品位等领域的一些重大发展，宋代茶文化和唐代有很大不同。在茶的生产方面，最重要的变化是福建开始成为直接献给朝廷的"贡茶"的产地。[1] 唐代福建还没有普遍开发，在茶叶生产上作用不大。[2] 后面我们会看到，在福建和其他地方的僧人往往率先开辟新茶园。宋代茶文化的第二个主要因素和经济有很大关系：茶商从宋代经济的新特点，如纸币、钱庄、钱铺等新事物中获益良多。在福建以外的地方，如四川，在王安石（1021—1086）变法期间成立了用川茶和藏人交换战马的茶马司，[3] 因此种茶是有盈利性的主要行业。

除了制茶法的改变，技艺的进步也意义重大。宋代的瓷器以精致著称，此时精英人士以其作专门的茶具。宋代茶人好用细茶末点茶，黑釉盏或深色茶盏因为能和点茶时出现的白色汤花形成对照尤为人喜爱。宽而浅的茶盏取代了茶碗，不过发展并不局限于现实中的物质世界，人们也在审美领域构建了茗饮与古琴、清谈之间的联系，我们开始看到宋朝诗歌将茶、琴并提。[4] 上一章论及陆羽及其友人时，我们注意到自魏晋以来文人士子有意识地恢复"清谈"，但此

118 时在文人雅集中茶取代了酒。换言之，随着知茶懂茶成为文人品位的重要标志，始于唐朝的趋势被引往更自觉求精的方向。在茶叶的世界里名、利都如此重要，以致到处都有名茶仿冒品。

宋代茶文化的其他重要特征是茶和当时非常流行的汤药展开了竞争，尤其是在华南新兴的城市地区；寺院在饮茶啜汤仪式的正式化中发挥了作用。宋代是一个在中国茶文化的各个领域都很有创造力的重要时期，新的宗教因素在形塑宋代茶文化中扮演了重要角色。

图 6.1　《撵茶图》，刘松年（约 1155—1224）作

### 北苑与精英书写的宋代茶文化

虽然迨至宋初，茶已是社会各阶层共同的日常必需品，宋代茶文化史主要还是由精英来书写。[5]商业和精英品位的交汇在福建尤为清晰可见，例如闽西北许多烘制茶叶的"官焙"，尤其是建安和建溪地区，虽名为官焙，实为私人所有。[6]这些官焙重质不重量，因此制成的茶饼一直很少。同样地，在福建茶区，采茶不是粗放的劳作，而是一桩精细活——采茶工用指甲而不是手指采摘嫩芽，以免人的汗水薰渍珍贵的幼芽。[7]

位于建安的北苑是宋代地区性茶业中名气最大的地方。因为现存有许多对北苑的描述，也因其为宋代皇帝提供茶叶，因此如今北苑一地广为人知。所以虽然北苑的经济意义远不如其他产茶区，我们对这个相对较小的御茶园的了解反而多于周围的其他许多茶园。

北苑一地如何崛起，名冠天下？10世纪30年代，统治南方闽地的王家征用了建州东南的一片私人茶园。943年南唐扩大了这一地方并名之为"北苑"。宋代历史学家的故事说，南唐把他们控制之下的所有茶叶产地都收归国有，强迫六县百姓在这些茶园服劳役，因此当北宋得其地后，除了北苑，"俱还民间"，自此唯有建安一县居民仍需服劳役。[8]

至993年，北苑已包括建溪东部支流沿岸诸山，绵延约20里，有25个茶园，三四十个负责茶叶初制的小焙。因茶叶采制需精工细作，北苑主事者很快不想再用那些未经训练的夫役，而开始雇用茶工。至淳熙年间（1174—1189），数千名住在北苑的茶工已日支钱七十，伙食免费。元朝建立后，北苑官焙被废止，但是建安蜡茶仍应上

119

贡朝廷，直到1391年明太祖朱元璋（1368—1398年在位）"以其劳民"下令罢造团饼茶。因为制造北苑贡茶的技术和知识一直没有传播到建安以外地方，所以独特、昂贵的蜡茶永远失传了。[9]

宋代商品茶主要有两类：一曰片茶——既有常规的团饼茶，亦有蜡面茶；一曰散茶。在北苑，制好的茶被放入模子，压成印有龙凤等华丽的皇家标志的小茶饼。[10]这些团饼茶的制作众所周知地费钱费时。[11]首先，采茶时只采最小的芽头——因此做成一饼茶需要成千上万个芽头。芽叶的数量决定了茶叶的等级——只选用一芽一叶（上等）或一芽二叶（中等）者。[12]在蒸茶之前茶叶要洗四遍，洗到绝对干净。蒸茶是个细致、一丝不苟的过程——过熟则色黄味淡，不熟则颜色青，茶味有草木之气。随后将蒸过的茶叶冷却，榨出多余水分，连夜又入大榨出其膏。压榨茶的目的是确保制成的茶不会色暗味涩。[13]第二天，将压过膏的茶叶放入研钵内，加水用杵捣成糊状，然后倒入印有精美图案的模子。茶叶经模塑后，先烘干，后焙烤，再以沸汤反复熏蒸，接着用小火使其慢慢干燥。[14]之后又用烟焙茶，烟焙的过程非常漫长，薄的茶饼需6至10日，厚的则需10至15日。焙火既足，茶饼先略微蒸过，然后迅速用扇子扇凉，这样茶饼就能色泽光亮，故而这类茶又名"蜡茶"。

有些茶饼在制作时会加入非常昂贵的成分如"龙脑"，以助其香，很有影响的宋代茶书作者蔡襄（1012—1068）曾批评这种往茶叶里掺杂其他东西的做法。[15]茶饼有不同尺寸（径一寸五分至三寸左右）和颜色——青黄紫黑，也有暗示其形状和昂贵的品名，如"金钱""寸金""无比寿芽""万春银叶""万寿龙芽"之类。[16]这些茶饼像奢侈品那样包装起来，装在竹或铜、银器物里，然后裹以箬叶、绫罗。这些珍稀、昂贵的茶饼的仿制品非常猖獗，流传至今的《品茶要录》仔细地指导读者如何辨别真伪。[17]

说明宋人品茶水准之高的一个很好的例子或许是宋徽宗

（1101—1126 年在位）撰于 1107 年的名作《大观茶论》。[18]从下文不   121
仅可以看出当时仿制茶饼之盛，也能看到宋徽宗茶艺之精，以及对
茶叶培植实际情况了解之深：

### 鉴辨

茶之范度不同，如人之有面首。膏稀者，其肤蹙以文；膏稠
者，其理敛以实。即日成者，其色则青紫；越宿制造者，其色则
惨黑。有肥凝如赤蜡者，末虽白，受汤则黄；有缜密如苍玉者，
末虽灰，受汤愈白。有光华外暴而中暗者，有明白内备而表质
者，其首面之异同，难以概论。要之，色莹彻而不驳，质缜绎而
不浮，举之则凝然，碾之则铿然，可验其为精品也。有得于言意
之表者，可以心解。比又有贪利之民，购求外焙已采之芽，假以
制造，研碎已成之饼，易以范模，虽名氏采制似之，其肤理色泽，
何所逃于鉴赏哉。[19]

宋徽宗非常了解蜡茶，因此能不容置疑地评点蜡茶，不过他自
己更喜欢白茶：

### 白茶

白茶自为一种，与常茶不同。其条敷阐，其叶莹薄。崖林
之间偶然生出，盖非人力所可致。正焙之有者不过四五家，[生
者]不过一二株，所造止于二三胯而已。芽英不多，尤难蒸焙。  122
汤火一失，则已变而为常品。须制造精微，运度得宜，则表里昭
澈，如玉之在璞，他无与伦也。[20]

图 6.2 《斗茶图》，传为刘松年作

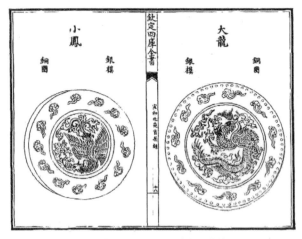

图 6.3 《宣和北苑贡茶录》中的茶模图

　　由此可知,社会各阶层的茶叶行家不仅对成品茶有强烈的兴趣,而且也有兴趣于茶叶原料,包括制作过程的复杂精细,以及它们长在何处、如何生长。稀有性不仅是贡茶的问题,茶叶行家对少量种植、极难制作、近乎野生的茶叶也非常感兴趣。我们能从宋徽宗对白茶的叙述中看到这种非常高雅的品位。

　　除了饼茶,四川、江苏、浙江和福建其他地方也生产散茶。书法家、诗人黄庭坚(1045—1105)家的园子里出产的"双井茶"就是宋代尤为知名的散茶。[21]它是由满披白毫的嫩芽制成的白茶(似有误。一般认为古代的双井茶为蒸青绿茶——译者注),茶芽采摘后经洗、蒸,然后轻柔地烘干,以免破坏其卷曲的独特外形。黄庭坚的朋友们因双井茶卷曲如钩把它叫作"鹰爪",这样的茶被认为非常珍贵,苏轼甚至在诗中说他"磨成不敢付僮仆,自看雪汤生玑珠"。[22]

　　到11世纪,茶艺已非常成熟,精英阶层都按宋徽宗《大观茶论》所述之法点茶。[23]首先,将茶饼包在干净、质量上乘的纸中用茶槌敲碎,然后用茶碾把碎茶碾成粉末,再用茶罗筛数次,直到质地匀净如粉。接着给茶盏加热,取一勺茶粉放入盏中,用力将汤瓶中一股细细的热水注入茶盏。这一步名为"点茶",可将茶粉调成膏状(国内通常称之为"调膏"——译者注)。之后再注入热水,并用茶筅击拂出汤花,这时可以避开茶渣啜饮几口汤花。热水还可以再注入茶盏,再击拂六次。无论散茶多好,也要像饼茶一样碾末而饮。[24]

　　众所周知,福建人蔡襄是一位著名的品茶大家。[25]他撰写了呈皇帝御览的《茶录》,他也最早把将热水注入茶末的方法称作"点茶"。后来整个有宋一代的饮茶法通称点茶。[26]蔡襄还最早述及斗茶,并提出点茶因"茶色白,宜用黑盏"。除了精英阶层饮用的沫饽丰富迷人的茶,前代把茶叶碾末煮饮或者煮叶茶而饮的方式也继续存在。

124

图6.4　点茶用陶壶，北宋

　　在宋代，不仅日常生活中要喝茶，而且精英们重在取乐的各种雅集中也要饮茶。例如，诗歌经常将茶与名妓并提，也有证据表明宋代有文人茶会、"茶词"，甚至佛教寺院里也有女性（歌伎）作陪。[27]我们应该把这种追求感官享受的聚会和后文将会探讨的更纯洁的僧人茶会相比较，而且我们也知道文人喜欢边赏画边啜茗。[28]这些以及其他一些风俗如酒后饮茶在整个宋代文献中留下了痕迹。简言之，茶和饮茶形塑并且巩固了文人友谊的纽带。但是茶事活动逐渐不可避免地公式化、落入窠臼，最终对茶会的文化价

125

值的幻想破灭了,出现了在明代著名小说《西游记》第六十四回中看
到的那种具有讽刺意味的场景:唐三藏被三个妖怪掳走,在他们的
诱惑下和他们一起喝茶吟诗。[29]

### 寺庙"茶户"与宋代茶的商业化

　　要想正确认识宋代茶文化,我们不仅有必要考量精英文人的观
点,而且必须考虑寺院在茶叶种植、加工和饮用中的作用。虽然证
据相当分散,但我们仍有可能利用文献资料再现寺院及僧侣如何为
茶文化的各个方面做出贡献。我们能利用的宋代及后世的新型史
料有时会写明哪些寺院生产茶叶,但是宋以前地方寺院的产茶详情
就难以了解了。这些新型资料的来源包括地方志、禅宗公案和灯录
(亦名"传灯录")。诚如我们所见,在宋代茶的品鉴已非常完善,宋
代的一些禅宗法师因善于点茶而名噪一时。[30]长久以来统治者一
直试图通过赐茶表敬意的方式笼络宗教人物,早在南朝的五代时期
朝廷就把茶叶和药物赠送给高僧大德(乃至普通僧尼、道士),吴越
国国王钱俶(947—978 年在位)赐丸药与茶给国清寺羲寂大师
(919—997)便是一个典型的例子。[31]在宋代茶和汤药经常赏赐给
朝中官员,[32]此外茶也会赏赐给外国使臣。[33]

　　随着对茶叶的需求日益增长,相应地也需要新的土地种植茶
树,在开发新茶区方面寺院和僧人扮演了重要角色。[34]在北苑之
外,福建上游一带的茶叶生产离不开"茶户"。在福建当地,茶户指
植茶制茶的茶园拥有者。不仅农民、小佃农,而且寺庙、道观在户籍
上均为"茶户"。寺观涉足福建茶业,这一点在政和三年(1113)的一
个诏令中可见一斑:"诸寺观每岁摘造……若五百斤(约 320 千克)
以上,并按园户法。"[35]整个 19 世纪,寺庙和道观一直是福建茶业的

126

主力。[36]

宗教机构在福建以外的其他茶区也发挥了关键作用。关于寺院与茶品之间的具体关系，我们不妨以宋代杭州的四个寺院名茶为例：宝云茶、香林茶、白云茶、垂云茶。[37]潜说友《咸淳（1265—1274）临安志》中关于"茶"的一段文字记载让我们得以一窥方志如何介绍茶：

> 茶岁贡，见旧志载：钱塘宝云庵产者名宝云茶，下天竺香林洞产者名香林茶，上天竺白云峰产者名白云茶。东坡诗云：白云峰下两枪新。又宝严院垂云亭亦产茶，东坡有《怡然以垂云新茶见饷报以大龙团戏作小诗》：妙供来香积，珍烹具太官。[38]拣芽分雀舌，赐茗出龙团。又《游诸佛舍一日饮酽茶七盏戏书》有云：何须魏帝一丸药，且尽卢仝七碗茶。盖南北两山及外七邑诸名山，[39]大抵皆产茶，近日径山寺僧采谷雨前者，以小缶贮送。[40]

这段方志记载中包含了最好的茶叶产于何地的实用信息，并且把它和宋代最著名的诗人苏轼（东坡）贴切的诗句交织在一起。苏轼也提到了其他佛寺的茶叶和更早的茶诗——即前面探讨过的卢仝名作，它描述了饮尽七碗茶之后的效果。

我们能从这条典型的方志条目中看出，对于像苏轼这样的人而言，佛门与名茶之间的关系不言而喻，不需要为佛门圣地和商业活动之间的联系多做解释或表示歉意。宝云庵生产的名茶是一条重要的证据，它证明尼庵和寺院一样也种茶制茶。茶叶为一些庵堂提供了重要的收入来源，否则它们难以在争取俗众资助上和寺院竞争。此处和其他类似方志中提及的寺庙不全是小寺庙，径山的兴圣万寿禅寺就是宋代首要的禅宗名刹，它和著名禅宗大师大慧宗杲

（1089—1163）渊源尤深。在宋代全盛时期,万寿禅寺有1700多名僧人。建州和长兴也有出自佛门的名茶,如双井茶和颜渚茶（应为顾渚——译者注）。[41] 另一个生长在寺院的名茶是越州的日铸茶。《嘉泰（1201—1204）会稽志》载曰:[42]

> 日铸岭在会稽县东南五十五里,岭下有僧寺名资寿,其阳坡名油车,朝暮常有日,产茶绝奇,故谓之"日铸"。

地方志有时告诉我们具体的细节,解释某些名茶的生长地与培育方法,但有时它们只是一笔带过,让我们无法洞悉完整的情况。一个这样的例子是《瑞州府志》中出现了"寺僧园户"这个有趣的说法。[43] "园户"指种植茶叶的民家——正如上文探讨过的"茶户"。但是寺僧园户究竟指什么? 它有可能指既种茶又采茶的僧人,也有可能指由僧、俗组成的园户。无论是哪一种情况,它都进一步指明僧人直接参与了种茶制茶的商业活动。茶不仅是当地人饮用的基本商品,也是精英品鉴家十分珍视的奢华食品,这一点也体现在价格中。

### "点茶三昧":禅僧日常生活中的茶

宋代的禅宗文献不时提及喝茶、茶堂和茶园,[44] "茶"字的无处不在说明了撰写这些书时茶是禅院基本的日常必需品。然而,茶与禅的联系可能不像最初看上去那么紧密或那么早。公案文献中著名的"吃茶去"据传出自禅宗大师赵州从谂(778—897)之口,但在与其同时代的文献中却找不到这句话。它无疑出现在更晚的文献资料中,如普济(1179—1253)编写的重要"灯录"集《五灯会元》中就记载了如下一系列对谈：

> 师问新到："曾到此间么？"曰："曾到。"师曰："吃茶去。"又问僧，僧曰："不曾到。"师曰："吃茶去。"后院主问曰："为甚么曾到也云吃茶去，不曾到也云吃茶去？"师召院主，主应诺，师曰："吃茶去。"[45]

"吃茶去"被理解为赵州禅师试图以此说明证悟应从日常生活中来，后来它变得非常流行。随着时间的流逝，它成为宋朝公案文献中重要的妙言警句，被引用过成百上千次，但是对我们而言它是说明禅寺处处有茶的重要标志。很有可能它也特别反映了我们后面会讨论的宋代寺院的一个风俗——行脚僧到禅寺挂搭时，禅寺先请其吃茶。

　　茶与佛教语言的交汇绝不仅限于禅宗文本。我们在前几章已
129 经发现，文人也用佛教术语书写茶。一个特别有启示性的词语是宋诗中能看到的"点茶三昧"，例如苏轼在《送南屏谦师》诗前小序中云："南屏谦师妙于茶事，自云得之于心，应之于手，非可以言传学到者。十月二十七日，闻轼游寿星寺，远来设茶，作此诗赠之。"诗歌本身包含了让我们觉得有趣的诗句：

> 道人晓出南屏山，来试点茶三昧手。
>
> ……
>
> 天台乳花世不见，玉川风腋今安有。[46]
> 先生有意续茶经，会使老谦名不朽。[47]

　　正如我们已知的那样，苏轼经常吟诵寺院里的茶。[48]在这首诗中，他在描述僧人的点茶技艺时显然有点夸张，但他用的词"点茶三

昧”很好地把佛教的修行方法和世俗世界的风俗相结合——这暗示着最精到的点茶可能需要一位高僧所能达到的入定状态。该诗把一个俗世的官员放在对僧人茶技肃然起敬的旁观者位置，表明关于茶的文学作品会对僧人致以适当的赞美。

这个引人注目的“点茶三昧”也曾出现在苏轼友人，惠洪禅师（1071—1128）的诗歌《无学点茶乞诗》中，该诗收录于其诗文集《石门文字禅》中。关于“三昧”一词（几近于“专注”之意，在佛教文献中指心定于一处的极高境界）的运用，王日休（1127—1162）注《金刚经》时曰，虽然三昧有入定之意，但它也可以理解为“妙趣”，“故以善于点茶者，谓得点茶三昧；善于简牍者，谓得简牍三昧”。[49]毫无疑问，对一些作者而言该词背后并无深意，但它确实显示了佛家语言和本文其他地方提到的中国人审美观的巧妙结合。

### 寺院的茶礼与汤礼

杰出的日本学僧无著道忠（1653—1745）很早以前就注意到寺院在茶文化发展中扮演的重要角色，其解释禅寺用语的辞典《禅林象器笺》中就有一个重要的条目，“茶礼”。宋代禅宗资料之前的中文文献资料中没有“茶礼”一词，因此我们可以认为寺院茶礼的文字依据不见于10世纪之前。寺院茶礼的发明提供了一个有趣的例子，它告诉我们一个宗教仪式的创立可以是出于社会/文化/物质的原因，而不是教义的考虑。从佛教教义上说并非需要一个茶礼不可，但是许多社会原因决定了有此必要。

为了理解饮茶在寺院以及更广泛的社会中的地位，我们需要拓宽视野，不拘囿于寺院茶礼，以便认识宋朝的整个饮品文化。到目前为止我们在很大程度上把茶放在酒的对立面来思量，但是宋人有更多的饮品可以选择。社会各阶层的人尤其热衷于有药用价值的饮品——如今我们称其为"养生饮品"——它们由芳香的中草药制成。如果我们把它视为宋人以药为食，或"膳食学"风尚的一部分，[50]我们就能更好地理解宋人对汤药的兴趣。为了认识茶的文化和宗教意义，我们必须把茶置于这一饮品文化以及啜汤养生风尚的大背景之下。如果人们想喝酒以外的饮品，茶不是唯一的选择。

**131** 其实无论如何，茶没有完全将酒逐出寺院文化，日本僧人成寻说他在天台山时多次受邀吃茶、药酒（和果子），[51]他也写到过喝了俗人给的酒。[52]苏轼曾提及有些僧人称酒为"般若汤"。[53]但即便如此，茶仍为禅院僧侣的基本必需品，此外还有寺院清规和禅宗语录常常提及的粥、饭、汤药。例如，延寿堂主负责安养病僧，"堂中所用柴炭、米面、油盐、酱菜、茶汤、药饵、姜枣、乌梅、什物家事，皆系堂主缘化"。[54]

茶已成为寺院和民户的必需品，但是除了茶，宋人也因味道和药效而饮用各种汤药、肉汤和汁水。下面我们首先来看唐代已知名的一种养生饮品，它是用虎杖煎成，经过冷却的汤药：

> 暑月和甘草煎，色如琥珀可爱，堪看，尝之甘美。瓶置井中，令冷彻如冰，白瓷器及银器中盛，似茶啜之。时人呼为冷饮子，又且尊于茗。[55]

从这段描述可以看出这种汤药不是普通人的饮品，对其美学特性的强调，以及盛汤器物的昂贵，说明它很有可能是由精英人士享用。虎杖，其嫩芽像芦笋一样可吃，在中医药典里用来治大热、烦躁，止渴，利小便，压一切热毒。但是此方没有描述这种草药可能需要在医师指导下炮制、按照剂量服用，因此它多半是稀释过的汤剂，可以像茶那样在夏季随意饮用。利用这种相对少量、剂量不限的药物活性成分的模式,可以把它和其他汤药比作我们现在所喝的养生饮品或运动饮品。

茶因其药用价值而闻名,又因有助消化、凝神聚思,驱除睡魔而尤为僧人所喜,这些特点被认为于坐禅者有益。除了这种虎杖汤,唐代的其他"饮子"早已明确指出为茶的替代品,有一些甚至专门针对僧侣。王焘撰于 8 世纪的《外台秘要》中有一"代茶新饮方",取十四味药捣末煎服,"禅居高士特宜多饮,畅腑脏,调适血脉,少服益多,心力无劳,饥饱饮之甚良"。[56]

此方虽为汤药,而非大众饮品,但它表明茶和其他养生饮品因为能让健康的身体保持注意力而被推荐给坐禅者(禅居高士)。这种汤药和唐代的其他代茶饮可能具有和茶相似的生理作用,但毫无疑问味道相当不同,因为甘草经常是其中的主要成分,以便让那些饮品比茶更甘甜。

为免我们奇怪中古僧人竟对如此俗务感兴趣,或者推测他们可能不愿利用外力帮助修行,我们会用充分的证据说明现代的寺院对养生饮品也很感兴趣。例如,布斯韦尔(Robert Buswell)在其《禅寺亲历》(*The Zen Monastic Experience*)中介绍说,当时韩国僧人普遍服用能增强耐力的汉方药,寺院里还有其他的健康时尚,如吃松针粉、喝一种将生锈的废金属放在水里而成的"铁水"。[57]我们后面还会看到,在中古和近代早期寺院里啜饮汤药成风,以致成为规范。

虽然唐代的汤药和养生饮品为大家所知,但是在宋代其饮用大有不同,它们不得不在公开的城市市场和茶展开竞争。茶和其他饮品的商品化的例子,尤其是在城市里,在笔记小说中俯拾皆是。例如在北宋都城开封,"卖药及饮食者,吟叫百端"。[58]在南宋都城杭州(时称临安),"有浮铺早卖汤药二陈汤,及调气降气并丸剂安养元气者"。[59]

二陈汤是宋代典型的汤药,迄今仍在饮用。其成分有陈皮、半

132

133

夏(中医里最重要的草药之一,用来化痰止咳、降逆止呕)、茯苓(一种长在松树根上的寄生性真菌,广泛用于健脾、增强活力),此外当然还用甘草增加甜味,掩盖其他药材的滋味。[60]

1107 年刊行的《太平惠民和剂局方》罗列了 26 个汤方,[61]不仅包括带有描述性名称的破气汤、五味汤,还有豆蔻汤、木香汤、桂花汤、薄荷汤、紫苏汤、枣汤、厚朴汤、杏霜汤、生姜汤、益智汤、茴香汤等。[62]从其他资料我们知道茯苓汤、赤箭汤、黄耆汤、人参汤、甘豆汤,甚至矿物制成的汤如云母汤都流行一时。[63]而且正如我们早已注意的,甘草是许多汤药配方中的关键药材。

虽然这些药方的成分大相径庭,但显然它们都特意做得既香味浓郁又可口(因此大量使用甘草)。如果这样的汤药是要与茶、酒一决高下,那么它们既要容易制作,也要方便饮用。它们像"速溶饮品"那样出售,每包约 5 克(相当于 1 匙或 1 钱)药粉,注入沸水后搅拌即可。因此汤药的冲泡法和茶极为相似,宋代茶叶也要研磨成粉,然后用金属茶瓶将沸水冲入茶盏并击拂。

试看汤药预期的生理作用,就会发现大多数药材——木香、丁香、檀香、姜黄等——在本草书中都归属能调气健脾的药物,或者被认为能升提肺气、促进消化(如桔梗、杏仁)。[64]而相比之下,茶在本草书中是一种利尿、消食、提神、醒脑的物质。从生理的角度看,我们可以认为茶和汤药在功效上是互补的。

宋朝的城市居民在不同季节喝不同的饮品。[65]临安的茶肆,"冬月添卖七宝擂茶、馓子、葱茶,或卖盐豉汤,暑天添卖雪泡梅花酒,或缩脾饮暑药之属"。[66]除了各种汤药,也出售其他许多爽口的饮品,包括甘豆汤、椰子酒、鹿梨浆、卤梅水、姜蜜水、木瓜汁,此外当然还有茶水。

正如当代医学文章的撰写者猛烈抨击过多饮用"养生饮品",宋代医者也写到了滥用汤药的危险。许多人几乎每天都喝紫苏,认为它能

健脾利肺,但11—12世纪的著名药物学家寇宗奭告诫人们不能滥用
紫苏:

> 能散,其气香。令人朝暮汤其汁饮,为无益。医家以谓芳
> 草致豪贵之疾者,此有一焉。脾胃寒人饮之多泄滑,往往人
> 不觉。[67]

最后,诸如此类由医家提出的警告,以及某些药材的昂贵,为汤
药热画上了句号。虽然人们继续服饮某些汤药,但茶才一直是中国
出类拔萃的养生饮品。

中国的食物经常扮演多重角色,和酒一样,茶也不仅仅被当作
饮品:它也能用作祭品。我们看到汤药也有类似用途,《东京梦华
录》云:"四月八日佛生日,十大禅院各有浴佛斋会,煎香药糖水相
遗,名曰'浴佛水'"。[68]

可见正如酒与茶,汤药也能发挥重要的礼仪性功能。[69]这就要
求我们把酒、茶、汤药视为唐宋饮食世界里一个具有文化意义的重
要部分。

我们必须把五代和宋朝的茶文化放在这一饮食学和保健饮品
的背景下来认识,当我们考察对于如何饮茶、啜汤均有规定的寺院
时,这样做尤为必要。不幸的是,因为我们并不总是能了解文本中
"汤"的含义,因此茶与汤之间的对立统一难以看清。[70]"汤"可能指
已将食物煮开的沸水或者非常热的水,或指各种汤。如前所见,宋
代的文献普遍用"汤"指草药熬煮成的汤。但是,在依法(Yifa)法师
重要的《禅苑清规》英译本中——她本人既是中国佛学学者,又是一
名比丘尼——引唐代僧人义净(635—713)《南海寄归内法传》之说,
把汤译作了"甜汤"(sweetened drink),[71]义净在行记中记录了印度
寺庙在客僧来访时供给其酥蜜沙糖或"八浆"的风俗。但是刘淑芬

已指出，即便如此，这一译法也不准确，因为并非所有浆都甜。[72]无论如何，宋代的汤通常指汤药，正如茶，寺院里也有奉汤喝汤的仪式。

莫滕·斯鲁特(Morten Schlütter)认为，宋代的寺院敏锐地意识到他们不得不和国家与地方精英玩争取支持的游戏(patronage game)，[73]寺院住持热衷于用茶款待文人就是体现这一意识的一个好例子。不过，即使是在寺院僧侣之间也渗透着坚持奉茶与茶汤的正确礼仪以维持关系。

挂搭僧投寺寄住时，须先去见维那。维那出来接待，先请其"吃茶"。赵州禅师教导"吃茶去"很可能即与此有关。根据寺院清规，挂搭的僧人应将度牒交给维那，维那则向他抱歉招待不周。清规明确指出此时不能请挂搭僧吃汤，而是要在吃茶之后再由维那带往僧堂，依其出家的年资安排床位。[74]

此规定虽然初看似不合理，但其实它提供了一个重要的线索，表明寺院也遵从世俗社会"先茶后汤"的待客之道，即客人到访时先以茶招待，客人离去之前（因为谈话可能口干舌燥）奉上一碗消除疲劳的滋补汤药。[75]

136　　前面我们讨论过将细细的热水注入茶末的宋代点茶法，禅林点茶点汤也用此方法。宋代禅寺清规中不时提及点茶，因为清规的作者仔细描述了寺院茶礼——经常用它来招待来访的官员——应如何举办。虽然点茶法在寺院无处不在，但是佛教文献中也常常提到"煎茶"。不过该词不一定指煮的是茶本身，也可能仅指煎煮热水以备点茶。[76]另外，寺院茶会中的点茶法意在保持平等，让所有僧人都能喝到相同的茶，因此《慈受禅师示众箴规》明确规定僧人参加寺院茶会时，不得私藏茶末。[77]

汤药的做法和点茶相似，具体说是将药材碾成粉末，称为"汤末"，然后冲入沸水。[78]《太平广记》中说唐代医家孙思邈曾要求寺院里一童子像煎茶一样煎汤药,此故事即为明证。[79]

宋代寺院清规中饮品如何准备和供人饮用,以及饮品名称的不确定性,使我们忽略了在寺院里茶和汤药在仪式和社交上其实一样重要。例如,寺院清规中的"煎点"一词指点茶或点汤,也同时指点茶与点汤。[80]但是学者们对该词有不同解释,有些说它指茶和点心。[81]依法法师分别把"煎点"和"茶汤"译作茶会(formal tea cere-mony)和小型的茶会(lessertea ceremony),此种理解尤其具有误导性,因为我们看到,世俗和寺院的待客礼节都明确要求"茶来汤去"。[82]《禅苑清规》规定"礼须一茶一汤。"[83]寺院茶礼和汤礼相同,而且正如世俗世界四时喝不同茶汤,《禅苑清规》也要求堂头侍者"煎点茶汤各依时节"。[84]

### 寺院里的汤药

我们可以综合各种文献依据,以便了解宋代寺院饮用的汤药。无著道忠撰于1684年的《小丛林略清规》取材于中国的丛林清规戒律,书中绘有汤盏的线描图,盏置于盏托之上,旁边还有一小匙。图下的一小段话说明应将药材研磨成粉,然后调汤于盏。[85]书中还有与寺院茶礼相似的"汤礼"条。此外还有实物依据,即从959年赤峰辽墓中出土的银盏、银托子和小银匙,它们和道忠书中的图非常相似。[86]

考古依据提供了一些关于寺院啜汤情况的线索,但汤药就像茶一样并不仅仅用来啜饮。如前所述,在世俗社会汤药也像茶那样用来供佛。根据《小丛林略清规》,在每年的佛涅槃日(阴历二月十五日),寺院应备茶果、汤药供养佛祖,[87]该书还详细叙述了献供过程。[88]此外,作为佛门善行,寺院也经常施茶和汤药给香客,俗家信众也结成会社专事施茶送汤。[89]在人们的观念里,茶和汤药一样适合献给佛祖和俗人。

寺院中流行哪些汤药？根据《宋高僧传》,许多僧人饮用橘皮汤和薯蓣汤。禅宗史籍和语录常常提及橘皮汤,它肯定是大寺院日常饮食的一部分。例如,宋初杭州慈光院僧人晤恩(？—986)规范弟子甚严,尤其要求他们过午不食,有弟子吃薯蓣汤被发现后,立即被他逐出山门。[90]如此看来,对一些僧人而言这些汤可算是食物而非药物。

虽然在寺院的饮食中茶、汤经常相提并论,但有时二者相互结合。宋代的道教类书《云笈七签》中有"服气绝粒"条,云"若要汤药,杏仁、姜、蜜及好蜀茶无妨,力未圆可以调助"。[91]这一道教药方说明了茶叶依然牢牢位于滋补草药之列。

## 138　寺院茶会、汤会与世俗社会

茶、汤药在寺院日常生活和仪式中随处可见,但它们在佛教历法中规定的特定时刻尤为引人瞩目。寺院清规中描述的正式茶会、汤会可分为三种基本类型。首先是僧人日常行事中的茶:包括每月初一、十五的"朔望巡堂茶""五参上堂茶"和"浴茶"——即在寺院开浴日点茶。清规也以类似方式规定了正式的汤会:"放参汤"和"念诵汤"。其次为四节的正式茶会:阴历四月十五日的"结夏茶"、七月十五日的"解夏茶""冬至茶"和"新年茶"。最后是寺院执事人员上任和卸任时众僧齐聚的茶会。

四节的特点是寺院要举办各种茶会、汤会。节日的前一晚要举办第一个汤会,接下来的三天也都有茶、汤会。[92]这些正式的四节茶会、汤会在僧堂举行,《禅苑清规》把它们称作"僧堂内煎点"。[93]

书中描述的茶、汤会基本都以下文的四节茶、汤会为范本。

节日前一晚,寺院众僧聚集在一起念诵,然后参加汤会。汤会礼数讲究宾主关系,不同寺院执事各有自己的角色。库司邀请的主客是首座,礼仪效仿由来已久的朝廷文、武两班之制,将禅寺内负责内、外生活庶务的执事人员分为"东序"与"西序"。[94] 四节前一晚的汤会就是"东序"执事人员为"西序"执事人员举办的,邀请了全寺僧人为"陪客"。这是寺院茶会、汤会的典型,不仅表明寺院里也采用了宾主模式,而且显示出僧人的等级制有意识地模仿了历史悠久的朝堂礼仪。因此,寺院的茶会既是群体的,又是高度结构化的活动。

据《禅苑清规》载,正节当日和随后两日,地位较高的寺院执事要请人吃茶,首先是住持请首座、大众吃茶,其次是知事请首座、大众吃茶,最后是前堂特为后堂大众点茶。[95] 寺院僧人最初根据现实情况随意饮茶,但现在茶被用来确保一个复杂的人类组织顺应四时的更替正常运行。

寺院的茶会、汤会是非常庄严的仪式,受请之人不可慢易。《禅苑清规》描述了在僧堂举办的茶会或汤会,它可以分成两部分:首先,在茶会或汤会之前发出正式的邀请函,之后是第一次巡堂。其次,上茶或汤,同时服丸药,最后散会。

在举办茶会之前,要通过在寺院张贴茶榜、汤榜或茶状正式告知众僧。[96] 这些榜、状非常注重礼节和仪式,它们通常写在丝织品上,以示隆重。它们会写明茶会或汤会的性质、时间、地点和邀请的客人。有时候还请著名文人撰文,这样的茶榜因书法而为人珍视。最有名的是元朝僧人溥光撰写的茶榜,后来它分双面分别刻在四块石碑上,共计八幅,永远留在了嵩山戒坛寺的石头上。该茶榜因溥光的书法而闻名于世。

茶、汤会开始之前,僧堂外的布告板上会展示座位图,也会把写有僧人名字的小纸片贴在每个座位上。[97] 清规要求僧人赴茶汤前记牢座位照牌。[98] 除了安排座位，行者还要在每个座位上放好茶盏或汤盏、盏托、茶粉和茶药丸，此外还要准备好茶盘、香花以及装有干净、新鲜的热水的汤瓶。[99] 种种安排很复杂，以便茶会或汤会顺利进行。

140     从无著道忠后来的百科全书《禅林象器笺》，以及《禅苑清规》和其他丛林清规可以看出，茶会中的许多仪式活动都以"圣僧龛"为中心，此类壁龛是禅寺僧堂的共同特征。[100] 行法事人朝圣僧合掌躬身问讯，吃茶罢又来圣僧前大展三拜，然后巡堂。[101] 因此茶礼中的关键要素是问讯、烧香和巡堂。茶礼主持者要问讯大众和圣僧，茶礼或汤礼之前也要准备好香炉。虽然茶礼的模式其实源自朝堂礼仪，但是清规的编写者赋予巡堂、问讯圣僧和敬香以价值，从而使茶礼符合佛门的需要。

    举行这些仪式时凡事不可想当然，禅林清规的撰述者经常详细规定每个步骤应如何以及为何执行。清拙正澄(1274—1339)的《大鉴禅师小清规》细致描述了四节僧堂茶礼的过程：

> 凡茶汤之礼，两手掌相合(此名合掌)，合掌低头捐(此名问讯)……两班耆旧皆至门外立……不可人人接(此名接入问讯)。一众入席，立定，侍者中立，问讯众坐(此名揖座问讯)。众坐定，侍者小问讯。进炉前烧香，退，中立问讯(此名揖香)。众皆吃茶汤，瓶皆出，侍者进一步问讯(此名揖茶)。行者收茶器时，侍者退外侧立，礼毕。[102]

    在禅宗仪式中，巡堂有许多含义。在茶礼或汤礼中，巡堂既表示邀请僧人参加，也表示礼毕和感谢。在茶、汤会中，烧香也有仪式性功能。第一次烧香有遍请十方圣众之意，第二次烧香则表示礼请

141 众僧，因此如何烧香显然也非常重要——《禅苑清规》详细规定了应

如何烧香——我们也还记得，茶诗也经常将茶、香并提。[103]茶会、汤会的礼毕才能正式散会也显示了它们的仪式性，有必要清楚地表明仪式的开始与顺利结束。

禅宗文献中的"行茶"指将装有沸水的汤瓶拿到僧堂，把沸水注入有茶粉的茶盏的仪式过程，该词显然是想比附更古老的佛教仪式"行香"。所有僧人的面前都有一盏茶时，即为"茶遍"，此时且仅有此时僧人才可以喝茶。滴一些冷水到每一个茶盏里，然后用茶筅击拂出汤花，其法和世俗社会并无二致。[104]汤礼中也有类似的词语：行汤、汤遍。汤似乎不需要像茶那样击拂，但是道忠书中的汤盏图中有一小匙，它可能用来搅拌、混合汤液，因为汤药中可能会有不能溶解的成分，容易产生沉淀，因此需要搅拌。

巡堂二匝后，茶药丸发给所有参加茶会的僧人，《禅苑清规》甚至规范僧人如何吃茶药丸："不得张口掷入，亦不得咬令作声。"[105]在寺院里一些不太正式的场合，吃茶时也经常服用药丸。日僧成寻在《参天台五台山记》中记述曰，熙宁五年（1072）他住在汴京（今开封）太平兴国寺传法院时，广智大师请他吃茶药二丸。[106]寺院以外的世俗社会也知道这些药丸，唐代医家孙思邈在《千金翼方》中就探讨过一些药丸。[107]根据这些证据，我们知道《禅苑清规》中提到的"茶药"，有时也简称"药"，很有可能就是一种药丸。该书后世的注家说这些"药"可能指甜食或点心，例如依法法师在译文中用了"confections"（甜食）一词，但是这些注释没有反映出清规编撰的那个时代的实际情况。服食这些药丸是寺院茶会的一个重要组成部分，所以我们应该仔细思考这种仪式、养生和商品的有趣结合。有证据表明，僧人在洗浴之后会喝茶并服用"风药"。[108]前面我们已注意到，迨至元代，讲究饮食与滋补品的风尚改变了，僧人似乎也不再常服茶药丸了。

这些茶汤礼是宋代寺院经常举行的最讲究、最隆重的仪式之

142

一，但它们得益于世俗礼仪之处匪浅。学僧无著道忠早已指出茶汤礼中的许多元素源于朝廷的礼仪，前面我也说过寺院执事的等级折射了国家的官僚体系。茶礼自身和座位图也呼应了宫廷和官方场合的礼节。[109] 茶礼和汤礼尤其吸收了唐宋时期举办的"会食"的规则。[110] 从唐初开始，朝廷和地方就把为官吏举办会食作为常规事务，会食有特定场所，即"食堂"，也有一定的礼仪。[111] 会食的礼仪写在木板上，悬挂在食堂里。[112] 食堂的建筑、摆设也有明确规定，[113] 官员违反规定要受罚。禅寺也把仪礼细则贴在墙上。正澄说应将茶、汤礼榜书贴在侍者寮和客殿壁上，目的是让僧人像儒家文士那样精通礼仪。[114]

茶会中僧人的座位图以及茶会举办地僧堂的布局和朝廷的模式非常吻合，僧人的席次与官员的位次相对应，寺院里的香炉则相当于官员觐见皇帝时需要的薰炉和香案。官员朝见皇帝时，分文、武两班按官位高低站立，而以皇帝为首——正如寺院茶会以住持为头排定座次。

一些寺院甚至有专门供应茶、汤药的场所，即"茶堂""茶寮"。例如，天宁寺的芙蓉楷禅师欲专心修行，因此不为新来挂搭的僧人举办茶会，惟置一茶堂，让其自行取用。[115]

143　　宋代的禅寺要求僧人每五日，即每月的一、五、十、十五、二十、二十五日"上堂"参见住持，汇报自己禅修的进展。其中初一、十五日的参见和其他四日的内容有所不同，更为隆重，要铺设"法座"，等住持说完法，便告众"巡堂吃茶"。因此茶不仅用于整个寺院的生活中，也用于每个僧人修行的重要阶段。

寺院里不是每天可以洗浴，但清规要求开浴日必须提供茶、药。《禅苑清规》规定"浴主"职责如下：

设浴前一日，刷浴烧汤。至日斋前，挂"开浴"或"淋汗"或

"净发"牌,铺设诸圣浴位,及净巾、香花、灯烛灯,并诸僧风药、茶器。[116]

因为僧人要照顾自己的身体,茶和药由此扮演了重要角色。正如僧人的皮囊要通过沐浴洗净,他们的健康要用茶和药来维护。

在寺院里有人事更替的正式场合要多次吃茶(即所谓"职事茶")。寺院执事人员的任期通常是一年,《禅苑清规》规定,任命新人时,"先请知事、头首、前资勤旧吃茶"。[117]吃完茶后,住持公布新人选并征询大家的意见。若众人无异议,则请新任人选和其他客人再次吃茶。稍后,新任知事正式巡寮,先到住持住处吃汤,巡寮结束后就办理交割,"或当日或来日点茶煎汤而退"。[118]次日库司特为置食,第三日"住持人堂中特为新旧知事煎点"。《禅苑清规》详细描述了这一茶会,包括茶榜如何书写、贴在何处、如何送出。最后,"知事、首座、头首次第特为新旧知事煎点。如副院、典座、直岁即就库堂,维那就堂司,特为同事交代煎点"。[119]

诚如我们所见,茶在宋代大禅寺的社会生活中发挥了重要作用,它也是寺院佛教历法中一些最重要的仪式场合中的基本元素。茶会使一些资历深的僧人可以证明自己深谙正确的礼节,它显示了对他人的尊敬,也为暂时逃离一成不变的生活提供了机会。茶礼也效仿了当时世俗官员走马上任后要举办的会食。茶是僧侣们极其重要的社交润滑剂,对于寺庙的日常管理和节日活动也必不可少。

### 小　结

宋代茶叶产量剧增,对经济产生了影响。与此同时,茶不仅要和酒竞争,而且要与汤药抗衡。由于滋补汤药的市场受宋代臻于顶峰的饮食养生"热"的驱动，因此我们很难了解更大的"养生饮品"的竞技场能在多大程度上影响对茶的态度。只有仔细研读宋代的文献资料，我们才能理解丛林和世俗社会除了啜饮各种汤药之外也喝茶。

　　本章我们述及寺院茶礼的发明，及其在巩固寺院内部等级结构，结交世俗社会的施主、官员方面的重要作用。我们也不仅看到宋代诗人在唐代诗歌的基础上，继续为茶超凡脱俗的力量和掌握了"点茶三昧"的茶道大师花费笔墨，还发现茶在宗教文献，尤其是禅宗清规中无处不在。虽然自陆羽的时代以来茶叶的类型和饮用法已有显著变化，但其著作依然鼓舞宋代文人撰文评鉴最好的茶与山泉。茶在日常生活中屡见不鲜，随意饮用，与此同时茶的准备和饮用也日益正式化、仪式化。

# 第七章　东传日本：荣西《吃茶养生记》

　　本章将论述茶叶从中国东传日本中的宗教维度,我会特别留意日本僧人荣西(1141—1215)所著《吃茶养生记》中宗教、文化与茶之间复杂的联系。[1]虽然在一本关于中国茶的书中如此关注一个日本佛教僧人的著作或许显得奇怪,但是从中国的角度看,研究这部重要著作会大有收获。首先,因为荣西在中国生活了很长时间,所以书中有许多他喝茶啜汤的亲身经历。他为探看中国茶的宗教和文化面相提供了独一无二的视角,包括亲身目击南宋末年浙江如何制造、饮用茶叶的重要记述——此时此地的资料几近阙如。其次,荣西的书中包含了许多来自中国的元素,但它们已经重新整合。他创造性地展示了中国的知识、技术、概念和语言,从而为我们提供了绝佳的机会,去思考茶在中国的意义。

　　日本禅师明庵荣西两度来中国学禅,第一次是在1168至1169年,第二次时间更长,是在1187至1191年,虽然他第二次可能是想去印度。[2]他把茶籽和对茶之治病能力的兴趣带回了日本,1214年幕府将军生病时,他献茶一碗证明了茶能疗疾。书名《吃茶养生记》能令人合理地推想该书主要是把喝茶作为健康之道,但实际上,茶只是书中介绍的许多物质和技术之一。虽然《吃茶养生记》理所当然地被学者们认为是日本第一部关于茶的专著，但它也涉及各种主题，如五脏和合，用秘密真言和手印疗疾，用各种形式的桑治疗疾病、祛除鬼魅，服用姜和其他各种芳香物质的益处，等等。这部篇幅极短却内容丰富的著作初看不过是一堆随意杂乱的看法、出自不同文献的引文、个人的观察和成药处方，但是如果我们把它放在13世纪初的背景下来认识，它会告诉我们荣西及时人如何理解茶在佛教中的角色与作用。

《吃茶养生记》提供了特别丰富的商品、宗教、健康和身体观之间相互作用的例子。因为该书没有叙述日本茶道的发展，因此历史学者仅粗粗研究一番或视其为多少有点古怪的古董。[3]但我们既已探察宋代茶文化及其与汤药、饮食学的密切关系，就更能理解荣西试图传递的信息。《吃茶养生记》大胆地尝试把一种商品（茶）、理论（饮食学）和深奥的技术体系（五味、五脏、真言、曼荼罗之间复杂的互相作用）跨越文化从中国带到日本，因此它值得我们密切关注。除此之外，该书也包含了南宋末年浙江如何采茶、加工茶的珍贵第一手观察记录，中国茶史研究者对它们特别感兴趣。

我们会发现，《吃茶养生记》中有多种逻辑。例如，该书指明了一些不同的，或许是不相容的疾病媒介，他也前后不一地叙述了茶的药用效果。其观点的摇摆不定缘于所引中文资料的驳杂（包括口头信息），而且他未加精心综合就把相互抵牾的观点混合在一起诉诸笔墨。这种前后不一或许归因于荣西未受过医学训练，但也有可能是因为这些相互矛盾的做法在南宋时期确实并存于世。尽管《吃茶养生记》有观念上的问题，但它因为既涉及茶史又涉及东亚医学史而具有重要性。近年日本医学史学者安德鲁·戈布尔（Andrew Goble）指出，《吃茶养生记》的重要性在于它是"近三百年来说明中国医学知识直接来自活生生的中国人的第一个证据"。[4]

### 《吃茶养生记》的研究方法

　　稍后我们会探究《吃茶养生记》全文,不过我首先要介绍一下该　147
书的主要内容,以便我们思考其结构和内容。其次我们要挖掘荣西
提出的书中潜在的理论假设——茶为何以及如何会像他说的那样
作用于人体? 然后我们来了解荣西提到了哪些疾病,茶又是如何治
愈这些具体的疾病。《吃茶养生记》吸收了一些关于健康、医学和身
体的不同观点,并用佛教色彩浓厚的方式表达出来,最后我们应该
考虑如何认识这部兼收并蓄的著作。

### 《吃茶养生记》概要

　　该书共分两卷,目录如下:
序文
卷之上　五脏和合门,下列六条与茶有关者:
一、茶名字
二、茶树形、华叶形
三、茶功能
四、采茶时节
五、采茶样
六、调茶样
　　该书上卷谈及茶之处最多,但并非所有信息均来自荣西本人。
有关茶的六个部分主要或多或少逐字摘抄宋代百科全书《太平御
览》中的“茗”字条,同时夹杂荣西自己的一些观察。[5]荣西没有说

明书中引文出自《太平御览》，因此粗心的读者很容易认为这位日本僧人是自己深入调查了关于茶的文献，发现并仔细核对了 24 种文献来源。

卷之下　遣除鬼魅门，下举五种病相，分别为：

一、饮水病

二、中风，手足不从心病

三、不食病

四、疮病

148　五、脚气病

又列各种用桑治病的方法：

桑粥法

桑煎法

服桑木法

含桑木法

桑木枕法

服桑叶法

服桑葚法

服高良姜法

吃茶法

服五香煎法

从目录不难看出，《吃茶养生记》的下卷几乎没有提及茶——实际上根据下卷的描述，茶的治病功效远不如利用桑木、桑叶和桑椹的各种药方——这些物质在中国本草书籍中非常常见。因此我们在开展研究时，必须谨记茶在该书中的相对分量。

### 《吃茶养生记》的理论——空间、时间与五行

既已知荣西在书中给予茶的篇幅有限,他也论述其他主题,那么现在我们就试着来认识他对茶及其增进健康的作用的设想。荣西的部分设想建立在他对亚洲地理的概念上,他说茶"天竺、唐土同贵重之",日本也曾嗜爱茶。此一说法很有趣,因为几乎没有证据可以证明中古印度也喝茶。事实上很早以前,印度尚不知有茶时中国已利用茶,中土的和尚如义净赴印度时随身带茶。虽然荣西对茶传播情况的认知与现存的历史记载不符,但也有启示性,因为它把日本放在了与中国、印度相当的地理地位。在荣西眼中,茶就像佛教本身一样从这些神圣的地方来到日本。荣西似乎觉得茶在这些神圣国度的应用是不证自明的——虽然他多处重申这一点,但语气并不十分强烈,也没有援引证据来证实。

149

荣西认真地追溯了日本人饮茶的时间,而不是地方。他采用了佛教的宇宙观,提出自"劫初"以来,人已越来越衰弱,传统的治疗方法——他具体说是针灸和汤药——随着四大和五脏的普遍退化而失效。正因为这些从前的疗法不再符合情况,所以它们需要修正、补充。他还说,而且此时距远古名医——印度的耆婆和中国的黄帝的时代已有数千年——所以错误地运用治疗方法会置人于死地。[6] 职是之故,荣西把茶作为中国最新最流行的医疗技术介绍给日本人。

在序文中,荣西解释了他如何从五脏的角度思考茶系统地发挥作用,"五脏"是中国医学中历史悠久的学说。[7] 他告诉我们:

> 五脏中,心脏为王乎。建立心脏之方,吃茶是妙术也。厥心脏弱则五脏皆生病。[8]

　　关于茶影响身体的机制，荣西的观点尤其值得注意，因为我们知道，在中国没有人这样说过茶的药用功效。荣西用茶"建立心脏"的想法从何而来？令人惊愕的是，其观点没有立足于迄今为止本书提到过的任何文献。《吃茶养生记》开篇就引用了《尊胜陀罗尼破地狱法秘抄》中的一段话，从题目看该书应为佛教密宗仪式文本。其文曰：

　　　　一、肝脏好酸味。

　　　　二、肺脏好辛味。

　　　　三、心脏好苦味。

　　　　四、脾脏好甘味。

　　　　五、肾脏好咸味。

　　接着又进一步将五脏与五行（木火土金水）、五方（东西南北中）
150　相配属，如下表所示：

| 肝 | 东 | 春 | 青 | 魂 | 眼 |
|---|---|---|---|---|---|
| 肺 | 西 | 秋 | 白 | 魄 | 鼻 |
| 心 | 南 | 夏 | 赤 | 神 | 舌 |
| 脾 | 中 | 四季末 | 土 | 志 | 口 |
| 肾 | 北 | 冬 | 黑 | 想 | 耳 |

　　然后荣西用这些出自密宗文本的配属关系论述茶的效用，强化他在序文中提出的观点：

　　　　此五脏受味不同，好味多入，则其脏强，克旁脏，互生病。

其辛酸甘咸之四味恒有而食之,苦味恒无,故不食之。是故四脏恒强,心脏恒弱,故生病。弱心脏病时,一切味皆违,食则吐之,动不食。今吃茶则心脏强,无病也。可知心脏有病时,人皮肉之色恶,运命依此减也。日本国不食苦味乎,但大国独吃茶,故心脏无病,亦长命也。我国多有病瘦人,是不吃茶之所致也。若人心神不快,尔时必可吃茶,调心脏,除愈万病矣。心脏快之时,诸脏虽有病,不强痛也。[9]

**151**

在这段话中,荣西用文献资料推断个人经验,其理论实为一个杂烩——他一开始吸收了佛教仪式文本中的配属关系,然后又坚持说日本和中国的不同在于中国人能吃到很重要的苦味,而日本没有这种味道。此外,茶是能够提供这种滋味的物质。荣西有此一说可能只是因为他来过中国,因为在 13 世纪初的日本饮食学说中很难找到日本饮食中缺少苦味之类的说法。

如果我们根据中国的阴阳学说来思考五脏和五味之间的对应关系,我们会同意心脏确实属阴,苦味也属阴,但即便如此,中国的本草书作者似乎也没有把茶的苦味和它对心脏(或别的脏腑)的作用联系在一起。然而,我们会看到味道与脏腑的配属引起了其他中国作者的兴趣。

我们先来评价荣西之说的依据。即便粗略审阅,对于荣西把这段引文作为印度密宗文本的译文令人难以认同。这段话如此突出五行系统和它们与五方、五时、五色、五志、五官的配属关系——长期以来它们被视为中国思想的特点之一——以至于一个人最初的反应是会把《尊胜陀罗尼破地狱法秘抄》当作中国的文献,而不是印度典籍的汉译。所以首先我们必须确定荣西引用的文本的身份,它是否其实源出中国。虽然传世本中并没有名为《尊胜陀罗尼破地狱法秘抄》者,但是陈金华已经证实其中的引文与《三种悉地破地狱

转业障出三界秘密陀罗尼法》极为相似，后者收录于《大正藏》第905
部，题为印度密宗大师善无畏（637—735）译。[10] 但是，尽管书中出
现了许多"五"之间的配属关系，这是自汉代以降中国五行理论家著
书立说的典型做法，究其实该书是日本人的作品，大约于902—1047
152　年成书于日本，而伪装成了印度文本的汉译本。[11]

　　荣西文中五脏、五方、五时、五味等之间特定的配属关系确实看
似出自中国的文献，包括天台智𫖮（538—597）的代表作《摩诃止
观》。该书对于滋味与脏腑之间的关系提出了类似的说法——此处
仅举一例，如智𫖮云"苦味增心而损肺。"[12] 由此我们可以下结论
说，荣西没有直接引用智𫖮，但是他的确利用了一部伪经，它很有可
能是日本的经书，包含了一套以五行学说为基础的复杂的配属关
系，更早的时候天台智𫖮在某种程度上表述过这种配属。

　　清楚了荣西用作依据的文本之一是日本的佛教伪经之后，我们
要准备好了解一下荣西引用的另一部文献，《五藏曼荼罗仪轨抄》的
身份。该书不仅把五脏和佛、观音连在一起，而且还指导人们如何
通过结手印、诵梵音真言增强五脏。例如：

　　　　肺，西方无量寿佛也，观音也，则莲华部也，即结八叶印，诵
　　🕉字真言，加持肺脏，则无病也。

　　正如荣西征引的《尊胜陀罗尼破地狱法秘抄》，《五藏曼荼罗仪
轨抄》也是摘录自前面提到的《三种悉地破地狱转业障出三界秘密
陀罗尼法》。[13]

　　荣西首先提供了《吃茶养生记》背后的理论，把它牢牢立足于佛
教密宗文献，然后他介绍了五味的实际应用，并在五行说的基础上
发展了他的饮食学理论：

其五味者,酸味者,是柑子、橘、柚等也。辛味者,是姜、胡椒、高良姜等也。甘味者,是砂糖等也,又一切食以甘为性也。苦味者,是茶、青木香等也。咸味者,是盐等也。

152

心脏是五脏之君子也,茶是苦味之上首也,苦味是诸味之上味也,因兹心脏爱此味。心脏兴,则安诸脏也。若人眼有病,可知肝脏损也,以酸性药可治之。若耳有病,可知肾脏损也,以咸药可治之。鼻有病,可知肺脏损也,以辛性药可治之。舌有病,可知心脏损也,以苦性之药可治之。口有病,可知脾脏之损也,以甘性药可治之。若身弱意消者,可知亦心脏之损也。频吃茶,则气力强盛也。

在这段文字中,荣西把经文和个人经验相结合,指出日本人尤其容易得病,因为他们的心脏(通常属阴)虚弱,需要通过饮茶增强——茶是日本缺少的苦味的唯一来源。我们现在能确定,此观点及其理论基础是荣西自己构想出来的,但是当时日本上层人士染患的多种可怕的疾病刺激荣西去推广这一新知识。

### 《吃茶养生记》中的疾病

我们从《吃茶养生记》的概要中可以看出,该书下卷提到了当时肆虐于日本的一些疾病。[14]"饮水病"的症状是喉咙发干,需要连续喝水。[15]平安时代的许多贵族都有这样的症状,此病被认为就是糖尿病。"中风"指现代的中风或是类似疾病,病人中风后会无法控制四肢。"不食病"可能指食欲不振的症状,而"疮病"是一个统称,涵盖了各种皮肤病。"脚气病"(lower-leg pneuma disease)同于 19 世纪日本的脚气病(beriberi),但该词的历史更长更复杂。[16]得了脚气

154

病后,病气集中在脚部,如果它升到心脏,病人就会死亡。宋代认为
女子得脚气病的话会影响生育能力,因为脚气会殃及子宫。[17]但
是,它和荣西认知中,似乎是不完全一样的疾病,他说,"此病发于夕
之食饱满,入夜而饱饭酒为厄",治疗方法是服桑粥、桑汤、高良姜和
茶。一些食疗法与唐代医家孙思邈提出的治脚气方相似,但孙思邈
列举的物质中并无茶叶。[18]有趣的是,一个在宋代被性别化的疾
病,荣西却没有特别指出,对此等遗漏目前尚不知该作何结论。

　　荣西告诉我们的这五种有名字的疾病,皆"末世"常见的鬼魅所
致,能用各种形式的桑治疗。不过,他说茶叶也能疗愈这些疾病,后
面我们会讨论他的药方。

　　除了这些特定的日本的疾病,荣西也论及华南的"温疫病"(dis-
eases of warmth)。[19]如果我们看到宋代医学文本中的"瘟疫"或"温
疫病",我们会把它译为"epidemic",但是因为不清楚荣西如何理解,
所以我选择了直译。我们应该注意,这里荣西给出了关于茶如何医
治这些温疫病的不同解释,它靠的不是增强心脏,而是中和甜食、帮
助消化。荣西对这些疾病和疗法的解释详见下文:

　　　　除温疫病也。南人者,广州等人也,此州瘴热地也,瘴(此
　　方赤虫病云)。唐都人补受领到此地,十之九不归。食物美味
　　而难消,故多食槟榔子、吃茶,若不吃,则侵身也。日本国大寒
　　之地,故无此难。尚南方熊野山,夏不参谒,为瘴热之地故也。

　　简言之,我们在《吃茶养生记》里发现的与其说是对茶之优点的
**155**颂歌,毋宁说是种种疾病与疗法(不是都与茶有关)的介绍和一个混
杂的——或者可能没有阐明的——关于茶如何发挥药物作用的观
念。有时荣西含蓄地点出茶味苦性阴,能增强心脏,但有时茶的力
量不是来自味道,而是来自其他不同特性,例如帮助消化的功能。

除了药物学理论，荣西对五行学说的理解突出佛教的观点——由此我们可以认为荣西宣传了茶为药的佛家观点。

下文说明了荣西如何以茶为药：

> 白汤只沸水云也，极热点服之。钱大匙二三匙，多少随意，但汤少好，其又随意云云。殊以浓为美，食饭饮酒之次，必吃茶消食。引饮之时，勿饮他汤，偏可吃茶也。引饮时，桑汤茶汤不饮，则生种种病。

有趣的是，荣西描述的似乎是如何点散茶，如黄庭坚家乡的双井茶之类，而不是蜡茶。虽然它写得很简单，而且此处的茶显然是药的形式，但它和我们所知的宋代点茶相符。在这段话中，茶是像桑汤一样的汤液。

我们可以把荣西对茶的描述和差不多与其同时代的一位中国作者的一段话相比较，这段话出自林洪（12 世纪）的《山家清供》，它探讨了点茶和煎茶：[20]

## 茶　供

茶即药也，煎服则去滞而化食，以汤点之，则反滞膈而损脾胃。盖世之嗜利者，多采他叶杂以为末，人多怠于煎煮，宜有害也。今法：采芽，或用擘碎，以活水火煎之，饭后必少顷乃服。东坡诗云"活水须将活火烹"，又云"饭后茶瓯味正深"，此煎服法也。《茶经》亦以"江水为上，山与井俱次之"。今世不惟不择水，且入盐及果，殊失正味。不知惟姜去昏，惟梅去倦，如不昏不倦，亦何必用？古之嗜茶者，无如玉川子，惟闻煎吃，如以汤点，则又安能及七碗乎？山谷词云："汤响松风，早减了、七分酒病。"倘知此，则"口不能言，心下快乐自省"之禅参透矣。[21]

156

所以我们能看出，在荣西的时代，尽管点末茶的方式已遍地开花，但中国还是有许多人支持煎煮精心挑选的茶叶，认为这才是合适、健康的方法。荣西很可能在书中吸收了这种把茶作为养生饮品的观念。比起将茗饮视为上层人士品鉴、消遣的审美化观点输出给日本主顾们，他更倾向于将在《吃茶养生记》中占据上风的前述观念传递过去。

### 小　结

《吃茶养生记》是一部独一无二的著作，不易理解。但如果从当时中日两国的健康、茶文化、佛教教义问题的角度来观照，我们能更好地理解荣西的目的。比较荣西的《吃茶养生记》与林洪的饮食学著作《山家清供》，我们会发现12世纪晚期中国人对于茶是什么、茶该如何饮用的看法，和8世纪中叶一样变化不定。无论荣西想引介什么到日本，都不是诗人文士作为高雅饮品的茶，也不是僧人用来帮助坐禅的茶，而是完全为佛教认可，能用来治疗末世鬼魅所致、横行不已之疾的茶。

157　　下面为《吃茶养生记》全文及注释：

### 吃茶养生记[22]卷之上

入唐前权僧正法印大和尚位　荣西录

茶也，养生之仙药也，延龄之妙术也。山谷生之，其地神灵也；人伦采之，其人长命也。天竺、唐土同贵重之，我朝日本曾嗜爱矣。古今奇特仙药也，不可不摘乎。谓劫初人与天人同，今人渐下渐弱，四大五脏如朽，[23]然者针灸并伤，汤治亦不应乎。[24]若如此治方者，渐弱渐竭，不可不怕者欤。昔医方不添削而治，今人斟酌寡者欤。

伏惟天造万像，造人以为贵也。人保一期，守命以为贤也。其保一期之源在于养生，其示养生之术，可安五脏。五脏中，心脏为王乎。建立心脏之方，吃茶是妙术也。厥心脏弱则五脏皆生病。实印土耆婆往而二千余年，末世之血脉谁诊乎？汉家神农隐而三千余岁，近代之药味诅理乎？然则无人于询病相，徒患徒危也；有误于请治方，空灸空损也。偷闻今世之医术则含药而损心地，病与药乖故也。带灸而夭身命，脉与灸战故也。不如访大国之风，示近代治方乎。仍立二门，示末世病相，留赠后昆，共利群生矣。

于时建保二年甲戌春正月一日谨叙

## 第一、五脏和合门　　　　第二、遣除鬼魅门

第一五脏和合门者，《尊胜陀罗尼破地狱法秘抄》云：一、肝脏好酸味，二、肺脏好辛味，三、心脏好苦味，四、脾脏好甘味，五、肾脏好咸味。又以五脏充五行（木火土金水也），又充五方（东西南北中也）。

肝，东也，春也，木也，青也，魂也①，眼也。

肺，西也，秋也，金也，白也，魄也，鼻也。

心，南也，夏也，火也，赤也，神也，舌也。

脾，中也，四季末也，土也，黄也，志也，口也。

肾，北也，冬也，水也，黑也，想也，髓也，耳也。

---

①　注：《吃茶养生记》中魂、魄、神、志、想的顺序与传统文献资料或者《大正藏》第905部中看到的不同。参阅 Chen 2009, p. 242 注释176。）

此五脏受味不同，好味多入，则其脏强，克旁脏，互生病。其辛酸甘咸之四味恒有而食之，苦味恒无，故不食之。是故四脏恒强，心脏恒弱，故生病。若心脏病时，一切味皆违，食则吐之，动不食。今吃茶则心脏强，无病也。可知心脏有病时，人皮肉之色恶，运命依此减也。日本国不食苦味乎，但大国独吃茶，故心脏无病，亦长命也。我国多有病瘦人，是不吃茶之所致也。若人心神不快，尔时必可吃茶，调心脏，除愈万病矣。心脏快之时，诸脏虽有病，不强痛也。

又《五藏曼茶罗仪轨抄》云：以秘密真言治之。

肝，东方阿閦佛也，又药师佛也，金刚部也，即结独钴印，诵𑖂字真言，加持肝脏，永无病也。[25]

心，南方宝生佛也，虚空藏也，即宝部也，即结宝形印，诵𑖡字真言，加持心脏，则无病也。

肺，西方无量寿佛也，观音也，即莲华部也，即结八叶印，诵𑖱字真言，加持肺脏，则无病也。

肾，北方释迦牟尼佛也，弥勒也，即羯磨部也，即结羯磨印，诵𑖎字真言，加持肾脏，则无病也。

脾，中央大日如来也，般若菩萨也，佛部也，即结五钴印，诵𑖁字真言，加持脾脏，则无病也。

此五部加持，则内之治方也。五味养生，则外病治也。内外相资，保身命也。

其五味者，酸味者，是柑子、橘、柚等也。辛味者，是姜、胡椒、高良姜等也。甘味者，是砂糖等也，又一切食以甘为性也。苦味者，是茶、青木香等也。咸味者，是盐等也。

心脏是五脏之君子也，茶是苦味之上首也，苦味是诸味之上味也，因兹心脏爱此味。心脏兴，则安诸脏也。若人眼有病，可知肝脏损也,以酸性药可治之。若耳有病,可知肾脏损也,以咸药可治之。鼻有病,可知肺脏损也,以辛性药可治之。舌有病,可知心脏损也,以苦性之药可治之。口有病,可知脾脏之损也,以甘性药可治之。若身弱意消者,可知亦心脏之损也。频吃茶,则气力强盛也。

其茶功能并采调时节,载左有六个条矣。

### 一、茶名字[26]

槚,《尔雅》曰:槚,苦茶,一名茆[27](冬叶),一名茗,早采者云茶,晚采者云茗也,西蜀人名曰苦茶[28](西蜀,国之名也)。[29]

又云:成都府,唐都西五千里外,诸物美也,[30]茶亦美也。

《广州记》曰:皋卢,茶也,一名茗。[31]

广州,宋朝南,在五千里外,即与昆仑国相近。[32]昆仑国亦与天竺相邻,即天竺贵物传于广州。依土宜美,茶亦美也。此州无雪霜,温暖,冬不著绵衣,是故茶味美也。茶美名云皋卢。此州瘴热之地也,北方人到,十之九危。万物味美,故人多侵。然者食前多吃槟榔子,食后多吃茶,客人强多令吃,为不令身心损坏也。仍槟榔子与茶,极贵重矣。

《南越志》曰:过罗茶,一名茗。[33]

陆羽《茶经》曰:茶有五种名,一名茶、二名槚、三名蔎、四名茗、五名荈。[34](加茆为六。)

魏王《华木志》曰:茗叶也云云。

### 二、茶树形、华叶形

《尔雅》注曰:树小似栀子木。[35]

《桐君录》曰:茶叶状如栀子叶,其色白云云。[36]

《茶经》曰:叶如栀子叶,华白如蔷薇也云云。[37]

### 三、茶功能

《吴兴记》曰：乌程县西有温山，出御荈云云，是云供御也，贵哉。[38]

《宋录》曰：此甘露也，何言茶茗云云。[39]

162 《广雅》曰：其饮茶醒酒，令人不眠云云。[40]

《博物志》曰：饮真茶，令少眠睡云云。[41]（眠令人昧劣也，亦眠病也。）

《神农食经》曰：茶茗宜久服，令人有力、悦志云云。[42]

《本草》曰：茶味甘苦，微寒，无毒，服即无瘘疮也。小便利，睡少，去疾渴，消宿食。[43]（一切病发于宿食云云，消，故无病也。）

华佗《食论》曰：茶久食，则益意思云云。[44]（身心无病，故益意思。）

《壶居士食忌》曰：茶久服羽化，与韭同食，令人身重云云。[45]

陶弘景《新录》曰：吃茶轻身，换骨苦，脚气即骨苦也。[46]

《桐君录》曰：茶煎饮，令人不眠云云。[47]（不眠则无病也云云。）

杜育《荈赋》曰：茶调神和内，倦懈康除。[48]（内者，五内也，五脏异名也。）

张孟阳《登成都楼诗》曰：[49]芳茶冠六清，溢味播九区。人生苟安乐，兹物聊可娱云云。[50]（六清者，六根也。[51]九区者，汉地九州云也。区者城也。）

《本草拾遗》曰：皋卢苦平，作饮止渴，除疫，不眠，利水道，163 明目。生南海诸山中，南人极重之。[52]

除温疫病也。南人者，广州等人也。此州瘴热地也，瘴（此方赤虫病云）。唐都人补受领到此地，十之九不归。食物美味而难消,故多食槟榔子、吃茶,若不吃,则侵身也。日本国大寒之地,故无此难。尚南方熊野山,夏不参谒,为瘴热之地故也。

《天台山记》曰:茶久服生羽翼云云。[53]（身轻故云尔也。）

《白氏六帖·茶部》曰:供御云云。[54]（非卑贱人食用也。）

《白氏文集》诗曰:午茶能散眠云云。（午者,食时也,茶食后吃,故云午茶也。食消则无眠也。）

白氏《消夏》诗曰:或饮一瓯茗云云。（瓯者,茶盏之美名也,口广底狭也。为不令茶久寒,器之底狭深也,小器名也。）

又曰:破眠见茶功云云。（吃茶则终夜不眠,而明目,不苦身矣。）

又曰:酒渴春深一杯茶。（饮酒则喉干,引饮也,其时唯可吃茶,勿饮他汤水等。饮他汤水等,必生种种病故也。）

164

### 四、采茶时节[55]

《茶经》曰:凡采茶在二月、三月、四月间云云。

《宋录》曰:大和七年（833）正月,吴蜀贡新茶,皆冬中作法为之。诏曰,"所贡新茶,宜于立春[56]后造"云云。（意者,冬造有民烦故也。自此以后,皆立春后造之。）

《唐史》曰:贞元九岁（793）春,初税茶云云。（茶美名云"早春",又云"芽茗",此仪也。）

宋朝采此作法,内里后园有茶园,元三之内,集下人入茶园中,言语高声,徘徊往来。则次之日,茶一分二分萌。以银之镊子采之,而后作蜡茶,一匙之直及千贯矣。

### 五、采茶样

《茶经》曰:雨下不采茶,虽不雨而亦有云,不采。（不焙,不蒸,用力弱故也。）

### 六、调茶样

见宋朝焙茶样，则朝采即蒸，即焙之。懈倦怠慢之者，不可为事也。焙棚敷纸，纸不焦样诱火。工夫而焙之，不缓不急，竟夜不眠，夜内可焙毕也。即盛好瓶，以竹叶坚封瓶口，不令风入内，则经年岁而不损也矣。

以上末世养生之法如斯。抑我国人不知采茶法，故不用之，还讥曰非药云云。是则不知茶德之所致也。荣西在唐之昔，见贵重茶如眼，有种种语，不能具注。给忠臣、施高僧，古今仪同。唐医云：若不吃茶人，失诸药效，不得治病，心脏弱故也。庶几末代良医悉之矣。

**吃茶养生记　卷之上终**

### 吃茶养生记　卷之下

第二遣除鬼魅门者，《大元帅大将仪轨秘抄》曰：[57] 末世人寿百岁时，四众多犯威仪。不顺佛教之时，国土荒乱，百姓丧亡。于时有鬼魅魍魉，乱国土、恼人民，致种种之病。无治术，医明无知药方，无济长病，疲极无能救者。尔时持此《大元帅大将心咒》念诵者，鬼魅退散，众病忽然除愈。行者深住此观门，修此法者，少加功力，必除病。复此病祈三宝，无其验，则人轻佛法不信。临尔之时，大将还念本誓，致佛法之效验，除此病，还兴佛法，特加神验，乃至得果证。以之案之，近岁以来之病相即是也。其相非寒非热、非地水、非火风。是故近比医道人多谬矣。即病相有五种。

### 一、饮水病

此病起于冷气,若服桑粥,则三五日必有验。永忌薤、蒜、葱,勿食矣。鬼病相加,故他方无验矣,以冷气为根源耳。服桑粥,无百之一不平复矣。(忌薤是还增故。)

### 二、中风,手足不从心病

此病近年以来众矣,亦起于冷气等。以针灸出血,汤治流汗,为厄害。永却火,只如常时,不厌风,不忌食物,漫漫服桑粥桑汤,渐渐平复,无百一厄。若欲沐浴时,煎桑一桶可浴,三五日一度浴之,莫流汗,是第一妙治也。若汤气入,流汗,则必成不食病故也。冷气、水气、温气,此三种治方若斯,尚又加鬼病也。

### 三、不食病

此病复起于冷气,好浴、流汗,向火为厄,夏冬同以凉身为妙术。又服桑粥汤。

以上三种病皆发于冷气,故同桑治。是末代多鬼魅所致著,故以桑治之。桑下鬼类不来,又仙药上首也,勿疑矣。

### 四、疮病

近年以来,此病发于水气等,杂然也。非疔非痈,然人不识而多误矣。但自冷气水气发,故大小疮皆不负火。依此人皆疑为恶疮,尤愚也。灸则得火毒,即肿增。火毒无能治者,大黄、[58]寒水寒石,寒为厄,依灸弥肿,依寒弥增,可怪可斟酌。若疮出,则不问强软,不知善恶,牛漆根搞绞,[59]以汁傅疮,干复傅则旁不肿,熟破无事。浓汁出,付楸叶,恶毒之汁皆出。世人用车前草,尤非也,永忌之。服桑粥桑汤五香煎,若强须灸,依方可灸

167

之。谓初见疮时，蒜横截，厚如钱厚，付疮上，艾坚押，如小豆大，灸蒜上，蒜焦可替，不破皮肉，为秘方。及一百壮即差。火气不答，必有验。灸后付牛膝汁，并可付楸叶，尚不可付车前草，付则旁肿，依不出恶汁。故日本多用车前草，不识药性故也，可忌可忌。又有芭蕉根，神效矣。

### 五、脚气病

此病发于夕之食饱满，入夜而饱饭酒为厄，午后不饱食为治方。是亦服桑粥、桑汤、高良姜、茶，奇特养生妙治也。新渡医书云：患脚气人晨饱食，午后勿饱食等云云。长斋人无脚气，是此谓也。近比人万病称脚气，尤愚也，可笑哉！呼病名而不识病治，为奇云云。

以上五种病，皆末世鬼魅之所致也，皆以桑治事者，颇有受口传于唐医矣。亦桑树是诸佛菩萨树，携此木，天魔犹以不竞，况诸余鬼魅附近乎？今得唐医口传，治诸病，无不得效验矣。近年以来，人皆为冷气侵，故桑是妙治方也。人不知此旨，多致夭害，疮称恶疮，诸病号脚病，而不知所治，最不便。近年以来，五体身分病皆冷气也，其上他疾相加，得其意治之，皆有验。今脚痛非脚气，是又冷气也。桑、牛膝、高良姜等，其良药也。桑方注在左。

### 桑粥法

宋朝医曰：桑枝如指三寸截，三四细破，黑豆一把，俱投水三升煮之。豆熟桑被煎，即却桑加米，依水多少，计米多少，作薄粥也。冬夜鸡鸣期，夏夜夜半，初煮，夜明即煮毕。空心服之，不添盐，每朝勿懈，久煮为药也。朝食之，则其日不引水，不醉酒,身心静也,信必有验。桑当年生枝尤好,根茎大不中用。桑粥,总众病药,别饮水、中风、不食之良药也。

### 桑煎法

桑枝二分计截,燥之,木角焦许燥,可割置三升五升盛袋,久持弥好乎。临时水一升许,木半合计,入之、煎之、服之,或不燥煎服无失,生木复宜。新渡医书云:桑,水气、脚气、肺气、风气、臃肿、遍体风痒干燥、四肢拘挛、上气眩晕、咳嗽口干等疾,皆治之。常服消食、利小便、轻身、聪明耳目云云。

《仙经》云:一切仙药,不得桑煎不服云云。就中饮水、不食、中风,最秘要也。

168

### 服桑木法

锯截屑细,以五指撮之,投美酒饮之。女人血气能治之,身中腹中万病,无不差,是仙术也,不可不信矣。恒服,得长寿无病也。

### 含桑木法

如齿木削之,常含之,口、舌、齿并无疾,口常香。诸天神爱乐音声,魔不敢附近。末代医术,何事如之哉?以土下三尺入根弥好,土上颇有毒。若口喎、目喎皆治矣,世人皆所知也。土际有毒,故皆用枝也。

### 桑木枕法

如箱造,可用枕。枕之,则无头风,不见恶梦,鬼魅不附近,目明乎,功能亦多矣。

### 服桑叶法

四月初采，影干。秋九月十月，三分之二落，一分残枝，采又影干，和合末。一如茶法服之，腹中无疾，身心轻利。夏叶冬叶等分，以秤计之，是皆仙术而已。

### 服桑椹法

熟时收之，日干为末，以蜜丸桐子大，空心酒服四十九。每日服之，久服身轻无病。是皆本文耳。日本桑颇力微。

### 服高良姜法

170

此药出于大宋国高良郡，唐土、契丹、高丽同贵重之，末世良药只是计也。治近比万病，必有效。即细末一钱，投酒服之。断酒人以汤水粥米饮服之。又煎服之，皆好乎。多少早晚答以为期。更无毒，每日服，齿动痛、腰痛、肩痛、腹中万病皆治之。脚膝疼痛，一切骨痛，一一治之。舍百药而唯茶与高良姜服无病云云。近年冷气侵故也，治试无违耳。

### 吃茶法

极热汤以服之，方寸匙二三匙，多少随意，但汤少好，其又随意云云。殊以浓为美，饭酒之次，必吃茶，消食也。引饮之时，唯可吃茶饮桑汤，勿饮他汤。桑汤茶汤不饮，则生种种病。

### 服五香煎法

一者，青木香（一两）。二者，沉香（一分）。三者，丁子（二分）。四者，薰陆香（一分）。五者，麝香（少）。

右五种各别末，后和合。每服一钱，沸汤和服。五香和合之志，为令治心脏也，万病起于心故也。五种皆其性苦辛，是故心脏妙药也。

荣西昔在唐时,从天台山到明州,时六月十日也,天极热,人皆气绝。于时店主丁子一升,水一升半许,久煎二合许,与荣西,令服之而言:法师远涉路来,汗多流,恐发病软,仍令服之也云云。其后身凉清洁,心地弥快矣。以知大热之时凉,大寒之时能温也。此五种随一有此德,不可不知矣。　171

上末世养生法,聊得感应记录毕,是皆非自由之情。

### 吃茶养生记　卷之下终

此记录后闻之,吃茶人瘦、生病云云。此人不知己所迷,岂知药性自然用哉?复于何国何人吃茶生病哉?若无其证者,其发词空口引风,徒毁茶也,无半钱利。又云高良姜热物也云云,是谁人咬而生热哉?不知药性,不识病相,莫说长短矣![1]

---

[1]　本书中《吃茶养生记》译文引用自王建,《吃茶养生记——日本古茶书三种》,贵州人民出版社,2004 年版,第1—28 页。——译者注

# 第八章　明清茶叶经济中的宗教与文化

　　本章考察明清时期,尤其是明代,宗教机构与文人品茶大家在蓬勃发展的茶叶经济中扮演的角色。宗教人士与机构,特别是佛教徒以及道家,都与明代茶叶的重大发展有干系——明代许多最著名、最令人梦寐以求的茶叶都生长在寺院内外,而且僧人在新茶具的革新,尤其是有名的宜兴紫砂壶的诞生中发挥了突出的作用。[1]明代茶事艺文——诗歌、散文、画、艺术品等之中出现了佛教人物和主题,从这一点可以看出在现实和想象中茶尤其与佛教相互勾连。明代画家如文征明(1470—1559)、沈周(1427—1509)、徐祯卿(1479—1511)经常以茶事入丹青。除了画,各种文学体裁——歌、曲、词——均涉及茶,而且高水准的审美品位也出现在茶籯、茶炉、茶灶、茶铛、茶杯、茶碗等茶具中。

　　入明后,茶的饮用方法发生了很大的变化,用茶壶冲泡茶叶日益成为惯常做法。[2]明初的叶子奇(1327—约1390)注意到,“民间止用江西末茶,各处叶茶”。[3]他说的可能是更早期发生在元朝的一个变化。到1487年,学者、历史学家丘濬(1421—1495)写道,“今世惟闽广间用末茶,而叶茶之用遍于中国,而外夷亦然”。[4]明朝的开国皇帝,太祖朱元璋(1368—1398 年在位)因贡茶的制作太费劳力而下令罢造龙团,[5]改贡四种叶茶。[6]不同于那些宋代的帝王,朱元璋对茶的口味可能不特别讲究,农民出身的他据说喜欢顾渚茶。[7]但是除了皇帝口味变化带来的影响,散茶的品质也提高了很多。[8]无须为皇室制作饼茶之后,中国南方的茶农就专注于种植、出售品质更好的叶茶。当然,饼茶的品饮并未消失——明太祖之子,宁王朱权(1378—1448)曾在其《茶谱》中叙说自己如何点茶。[9]

　　"品",即品尝、挑选、品第、评述各种茶与水的活动,在明代臻于新的高度。[10]鉴赏家们热衷于向广大读者证明自己的专门知识,事无巨细地书写茶及相关物事。尤其是在 16、17 世纪,茶学著作不断涌现——这一点从当代一部茶书汇编的目录中一望可知。[11]明文人士子精于鉴茶,捕捉方圆数里内不同茶叶之间的细微差别,并形成了常常含有对僧人隐士生活的理想化想象的审美情趣。

　　明代的饮茶法与我们前面所见大相径庭,更接近于现在我们熟悉的壶泡法。首先,将金属或陶瓷水罐放在炭炉上煮水。[12]然后,用热水和滤器涤茶叶,再将犹温热的茶叶移至盛满热水的陶茶壶。泡好后,把茶倒入小茶杯。倒光壶里第一泡茶水,留下茶叶,再注水冲泡——每一次浸泡的时间都略微延长,这样能保持茶味。整个过程中茶叶都留在壶里,只啜茶汤,而唐宋时期茶末和烹点的热水一起饮用。[13]我们能看出,这一冲泡法比宋代点茶法简单得多,也不需要太多技巧。因此,明代的茶随时可喝。此时,路边凡供旅人和香客歇脚处必备茶与小吃,南京、苏州、扬州等大都市的许多商人因鬻茶而发家。虽然泡茶在许多方面已简单得多,但明代的品茶大家依然坚称,欲赏茶则须用合适的器具与最好的茶叶来沏泡。[14]

　　自宋以降已流行花茶,但其真正发展当在明代。前一章我提起过,宋代用昂贵的龙脑为茶叶增香。明代,许多作者述及如何用莲花、桂皮、蔷薇、茉莉花薰茶。[15]虽然许多追求清饮的品茗大家反对在茶的真味中掺杂他味,但明清时期花茶仍日渐流行,当时发明的一些茶,如茉莉花茶,至今仍处处可见。

### 明代名茶的品牌威力与佛门之茶

明代品茗大家的著作使我们得以一窥地方的茶叶生产,估量宗教团体在茶叶种植与制作中的作用。明代的文献资料胪列了截至16世纪的50多种名茶,明代茶书通常公认以产地为名的五种茶,即龙井、松萝、罗芥、虎丘、武夷为茶中至品。[16]下文依次将目光投注于这五种茶,并且关注至少三种茶与佛教的联系。

龙井茶产于浙江杭州府风篁岭,[17]该地本名龙泓,亦名龙泉。著名学者田艺蘅(1526年进士)阐释好水与佳茗之间的关系说:"今武林诸泉,惟龙泓入品,而茶亦惟龙泓山为最。"[18]岭上皆有山泉,皆恃老龙井水源。龙井茶色青,味"甘而艳",作豆花香。品鉴家屠隆(字长卿,1543—1605)力主文人事佛,他认为真正的龙井茶产地不过十数亩(不到2英亩),外此皆不及。[19]官员、历史学家薛应旂(1535年进士)尤其称赞"雨前"——即阴历四月五日至二十日之间采摘的稀有嫩芽。[20]

175　　因龙井四周皆为产茶区,因此冒龙井茶之名的赝品特别多,真品反不易求。加工龙井需用锅炒,使茶叶变软。[21]虽然有少数几家炒法甚精,但山僧亦善炒制珍贵的龙井嫩芽。[22]明代茶人甚为推崇龙井茶,他们苦于赝品充斥市场时,会亲自去看龙井茶的采制,并赋诗记事。[23]例如,彭孙贻作《采茶歌》云:

> 龙井新茶品价高,杯中瓣瓣立周遭。
> 不逢清客休轻试,辛苦担泉下虎跑。[24]

　　彭诗让我们感受到一些幸运的精英人士享用龙井茶的氛围——在当地品饮刚炒制的新茶。那些没有身临其地饮新茶者只能通过诗歌想象,在产地啜饮最新鲜的茶是明代茶诗中反复出现的主题。

　　松萝茶产于南直隶徽州府休宁县(今安徽休宁)北三十里的松萝山,[25]创制者是一名僧人。徽郡向无茶,苏州虎丘寺僧大方(年代不详)游至松萝山,采附近诸山之茶焙制,始有松萝茶。此茶因大方结庵的松萝山而非茶叶的生长地而得名。[26]松萝茶色如梨花,香如豆蕊,饮如"嚼雪"。种愈佳则色愈白,经宿不留茶痕。正如龙井茶,松萝茶因产区小而产量有限,伪茶四出,真品难求。[27]大方的松萝法传至其他产茶更多的地方,如黄山,以致徽州邻府许多县所产之茶均托名松萝。甚至在遥远的福建,也礼致黄山僧,以松萝法制茶,有所谓"武夷松萝"的名目。[28]有意识地冒称名茶之举为我们提供了一个生动的例子,说明了在明代的奢侈饮品市场品牌的威力何其大。

176

　　罗芥茶产于南直隶常州府宜兴县(今江苏宜兴)青葱翠绿的山谷中。茶叶生长于两山之间的空旷地,当地人呼为"芥",因罗隐曾隐居于此,故名罗芥。据明人记载,罗芥茶产地有88处,所产芥茶有五等,[29]以祭祀山之土神的老庙后所产为第一品,新庙后、棋盘顶等地为第二品。第一品产地不过二三亩(不足半英亩),每年产茶仅20斤(约11千克)。[30]因此,罗芥茶极为珍贵,备受追捧。

　　明代茶书细致描述了罗芥茶。其色淡黄不绿,叶筋淡白而厚,入汤色柔如"玉露",味甘芳香,啜之愈出。第二品香幽色白,味冷隽,与老庙所产差别不大,但啜之能觉其味薄。罗芥茶颇独特,叶大枝粗,其味太厚且作草气,须蒸过方始可口。若茶叶摘迟,枝叶微老,炒亦不能使软。此系芥茶与其他名茶不同处。[31]罗芥茶因产于高山岩石,浑是风露清虚之气。知名画家沈周嗜茶,他将罗芥推为群茶之首。[32]

虎丘茶产于南直隶苏州府长洲县（在今江苏苏州）虎丘山。当地
风景如画，距苏州城仅数公里，是个短途旅行的胜地，因落成于 961 年
177 的佛寺和虎丘塔而闻名遐迩。[33]正如我们探讨过的其他茶产地，大多
数虎丘茶生长于寺院内外。谷雨前（阴历四月十九日至廿一日）采细
芽炒制，茶色如"月下白"，味如豆花香。[34]虎丘茶因滋味清淡而为人
称道，卜万祺（活跃于 1621 年）认为其"色香味韵无可比拟，茶中王
也"。[35]

图 8.1　虎丘，《天下名山胜概记》（明刻本）

因香味清淡，虎丘茶不见得合所有人的口味，但其身价并不因
此稍减。[36]名流仕宦、商侩仆隶涌向虎丘，那里有剑池、陆羽石井、虎
跑泉三大名泉。虎丘茶生长于山岩隙地和虎丘寺西，后因供不应
求，僧房四周亦植茶。虎丘茶因难久贮，即百端珍护，稍过时便全失

其初味。[37]因为珍稀,虎丘茶要放在宜兴小茶壶里品饮,宜兴紫砂壶气孔多,能更好地保持茶的色、香、味。[38]

　　虎丘真品不易得,故寺僧难免掺杂其他叶子,制成"替身茶",除非精鉴家,实难辨别。[39]明代地方有司常以虎丘茶馈遗大吏,寺僧不堪其扰,后多索性刈除茶树,或任其荒芜,致使其地逐渐衰败。[40]

　　武夷茶产于福建建宁府崇安县(今福建崇安)南三十里的武夷山。采茶以早春清明时初萌细芽为最,谷雨稍次之,其二春、三春以次分中下。至秋露白,其香似兰,类他郡所产之茶。[41]

　　武夷茶可根据生长的地方分为岩茶、洲茶,附山为岩,沿溪为洲。岩为上品,洲次之。若再加细分,则溪北为上,溪南次之,洲园为下。[42]岩茶又可分99种,虽其品俱佳,但仍可依所受风日雨露之不同再作区分。武夷山诸泉的甘洁胜过他山,据说有助茶性的发挥。[43]明人也常指出,武夷茶虽种类繁多,但年总产量十分有限。[44]

　　和虎丘茶相比,武夷茶味浓——瀹三次滋味才变淡,而其他茶两瀹即淡。冯时可(1571年进士;约1547—约1617)则认为可瀹六七次。[45]明代,武夷茶如日中天,甚至有茶书作者如徐𤊹认为其在诸茶之上。[46]

　　除了上述五种评价极高的茶,亦有一些重要的名茶被茶叶行家举为茶之中上者,其中也有许多茶与佛门有关。

　　阳羡茶产于南直隶常州府宜兴县(今江苏宜兴)南之阳羡山,尤得文人青睐。明代大多数茶要在热锅里炒,使茶叶慢慢变软,但阳羡茶却先用蒸汽杀青,然后用小火焙。阳羡茶和顾渚茶有名于宋代,但至明代为晚起的罗岕茶所取代。其实阳羡、顾渚和罗岕茶本不易区分,但明代茶人执意区分品第——以罗岕为第一,顾渚其次,阳羡为下。诗人如吴宽(1435—1504)、文征明(1470—1559)、王世贞(1526—1590)都曾为阳羡茶作诗。[47]

　　明代其他重要的茶产自顾渚、清源、鼓山、天池、天目和径山山

178

179

区,[48] 但是对于这些产茶区的范围和它们是否为不同的茶意见不一。例如,天池茶与虎丘茶产地极近,经常相互混淆。[49] 茶叶生产模糊不清的现状常常和人力所为的非常高明的鉴赏水平形成鲜明的对照。

### 明代文人对茶的审美取向与宗教反思

明代文人精英常视茶事为一项专门的艺术,茶的价值与地位毋庸置疑。他们对于田园式的简单质朴有种理想化的想象,明代作家、社会风尚引领者如谢肇淛(1567—1624)、李日华(1565—1635)在描述日常必需品时常涉及茶。[50] 例如,李日华强调在精致高雅的环境中,一瓯清茗能令人获致心灵的安宁:

> 洁一室横榻陈几其中,炉香茗瓯,萧然不杂他物,但独坐凝想,自然有清灵之气来集我身,清灵之气集,则世界恶浊之气,亦从此中渐渐消去。[51]

从明代精英风尚引领者的笔下,我们能看到备茶与饮茶在制造静谧、引人遐思的氛围中是不可缺少的元素。在某种意义上,"茶"已成为思想本身,它代表着对端凝于思的生活的宗教反思。这些思索均有佛教和道教元素。剧作家、文学家屠隆写道:

> 竹风一阵,飘扬茶灶。疏烟梅月,半弯掩映。书窗残雪,真使人心骨俱冷,体气欲仙。[52]

从中可以看出,对这些颇有影响的作者而言,品茗正如读书、焚香、弹琴、赏画、插花,是典型的文人活动之一。他们也坚称茶与俗事之外的世界相连。茶通向幽居、内省的生活，是追求了悟或成仙过程中的天然佳侣。

戏曲作家高濂（1573—1620）的《扫雪烹茶玩画》成为茶身上高端文化价值的缩影，他在享受雪水烹茶的"清洌"时赞颂了幽人简单的生活。[53]明代鉴赏家典型的审美取向是把茶与精致却简单的快乐相关联。董其昌（1555—1636），正如我说起的其他许多文人学者，对佛学思想极感兴趣，把"茗碗之事"赞誉为文人生活方式的缩影。[54]我们能从这些人的作品中读出非常高雅的品茗氛围，以及对茶具、泉水郑重其事的态度。事实说明后者是世人仿效的对象，这一点可从第一章中谈及的《红楼梦》中窥见一斑。

对一些明代作者而言，茶不仅可供享用，也含有道德的向度。例如，张大复（1554—1630）和屠本畯（卒于1622年）阐发了对茶性的哲学思考，认为其性独特，既"淫"——因为人们很容易沉迷于茶——且"贞"。[55]

简言之，明代品茶大家喜于幽静、雅致、简朴之所，与二三友朋相聚啜茗，摆脱官场俗务的烦扰。他们纵情于用山泉水烹点茶，并写字、作画、咏诗、谈禅，等等。大体上，明代的文人雅士强调茗饮的精神性，而对茶的物质性或药用功效兴趣不大。

明代文人撰写了大量茶书——至17世纪初流传于世的计约50种。如我们在前面几章所见，整个唐宋时期品茶成风，社会各阶层的文人，从胥吏到权臣，领导着茶叶生产和饮茶法的发展。但是迄至明代，这一趋向更为显著。明一代重科举，尤其自明中叶以后，文 181 人出仕多由此一途。无论在朝在野，应举文人士子的社会地位都很高，因而明代文人往往借集会结社从事作诗咏物、品茶论道、趺坐谈禅、啸傲山林等团体活动标榜自己与常人的不同。如我们所知，对修身的兴趣与隐逸生活的乐趣通常需品茗来助兴。因为一方面，茗饮为日常生活所必需，可借饮用佳茗排忧遣怀；另一方面，茶的慢品细尝被认为能提升人的精神生活。

徐祯卿(1479—1511)《秋夜试茶》诗云：

> 静院凉生冷烛花,风吹翠竹月光华。
> 闲来无伴倾云液,铜叶闲尝紫笋茶。[56]

屠隆曰："茶熟香清,有客到门可喜。鸟啼花落,无人亦是悠然。"[57]在诸如此类的诗作中,茶代表了文人生活的乐趣,茶在文人生活中既是静思冥想的良伴,亦是助谈兴的佳侣。

至于文人之间的交游,也多以茶而不是酒为联络感情的媒介。[58]如影响极大的名士袁宏道(1568—1610)在叙述自己在社交场合如何品饮名茶时坦承"余不嗜酒,而有茶癖"。[59]在明代的礼节中,主人往往可以借招呼客人喝茶来打破沉默,化解口角,平复情绪。

明代苏州文风鼎盛,论人物,缙绅首推吴宽吴匏翁(1435—1504),布衣则数画家沈周。二人不仅过从甚密,而且均嗜茶如命。后吴宽虽在北京任礼部尚书,但闲暇时间常于官邸后园召友品茗赋诗。其文集中有首《爱茶歌》盛赞友人对茶的痴迷,同时也彰显了自己的爱茶之情。诗云：

> 汤翁爱茶如爱酒,不数三升并五斗。
> 先春堂开无长物,只将茶灶连茶臼。
> 堂中无事长煮茶,终日茶杯不离口。
> 当筵侍立惟茶童,入门来谒惟茶友。
> 谢茶有诗学卢仝,煎茶有赋拟黄九。[60]
> 茶经续篇不借人,茶谱补遗将脱手。
> 平日种茶不办租,山下茶园知几亩。
> 世人可向茶乡游,此中亦有无何有。[61]

吴诗表明他一边品茶一边追忆卢仝和黄庭坚的诗赋，自得其乐，同时也完全沉浸在各种琐细的茶事中。吴宽本人正是这样一位亲身实践的嗜茶者。他有自己的茶园，亲自制茶、煮茶、著茶书、和茶友交流。相比之下，沈周一生安于清贫，足不入城市，其《书芥茶别论后》与《爱茶歌》相映成趣。虽《芥茶别论》原书今已不传，但我们从沈周文字中可知其推许比吴宽更为平实的事茶态度。

晚明其他精于品茶的名家包括张岱（1597—1689）、其友闵汶水、朱汝奎、徐茂吴、冯梦祯（1546—1605）。[62] 文人还好用"茶"字为字号，以表明个人的兴趣爱好，如杜浚号茶村，丁敬身号玩茶叟。即便不如此，他们也会用"茶"作为庭园、居所等之名。

茶书作者则试图显示自己通晓茶文化的各个方面——包括水、器、火、人等。以《茶疏》作者许次纾（字然明，1549—1604）为例，他罗列了何时宜茶：

| | | | |
|---|---|---|---|
| 心手闲适 | 批咏疲倦 | 意绪纷乱 | 听歌闻曲 |
| 歌罢曲终 | 杜门避事 | 鼓琴看画 | 夜深共语 |
| 明窗净几 | 洞房阿阁 | 宾主款狎 | 佳客小姬 |
| 访友初归 | 风日晴和 | 轻阴微雨 | 小桥画舫 |
| 茂林修竹 | 课花责鸟 | 荷亭避暑 | 小院焚香 |
| 酒阑人散 | 儿辈斋馆 | 清幽寺观 | 名泉怪石[63] |

屠隆因精通品鉴而著称，他善于辨别各地茶品的色、香、味，茶叶的采、焙、藏乃至水品亦无所不通。屠隆、徐茂吴、冯开之同样名扬南方，且三人俱于万历丁丑年（1577）名登进士榜，后皆罢官，远离朝政，往来吴越间，品茶论艺。

《茶寮记》作者陆树声（1509—1605），可能是明代茶书作者中社会地位和年寿最高的一位——他活到了 97 岁。陆氏虽官至礼部尚

书,仍具处士潇洒不羁的精神。曾撰《九山散樵传》,生动地反映了
想象中居士的隐逸生活与茗茶品饮的结合:

> 入佛庐精舍,徘徊忘去。对山翁野老隐流禅伯,班荆偶坐,
> 谈尘外事,商略四时树艺,樵采服食之故。性嗜茶,著茶类七
> 条。所至携茶灶,拾堕薪,汲泉煮茗。与文友相过从,以诗笔
> 自娱。[64]

我们从明代品茶大家的著述中,不难发现他们始终竭力将茶与
文人的文化生活,以及佛教的遁世、禅修相结合。他们或基于现实,
或出于想象,屡屡把茶的品饮放置在佛教的背景之下。从前几章可
知,茶与佛寺确实有关,但明代文人呈现了一个经过选择的形
象——他们没有书写禅林"清规"中描述的正式茶礼。

## 茶、僧人与文人:儒与释的交融

寺院经济来源众多。俗人的布施少,僧人必须从事副业,但植
茶谋利的机会尤其高回报又低风险。正如我们在上文探讨过的一
些名茶,茶叶可以种植在寺院周围的小块荒地,稍加侍弄或许就能
出产珍稀、昂贵的茶。种茶也需僧众参加整个生产,因此寺院有僧
人专司植茶、采茶、制茶之职。因为僧人日常要生产市场需要的茶
叶,且须不断品茶,天长日久,一些僧人掌握了高深的茶艺,并被文
人士子视为行家。

明代许多名茶由僧人焙制而成。如上文所言,松萝茶是由苏州
虎丘山大方和尚创制的名茶。他云游至徽郡松萝山,采附近诸山的
茶叶,用虎丘茶制法制作,成就了松萝茶的盛名。无独有偶,天池茶

亦因天池寺僧采制而名扬天下。

陆树声尝言："煎茶非漫浪,要须人品与茶相得,故其法往往传于高流隐逸,有烟霞泉石磊块胸次者。"[65]这说明明代许多文人已将茶艺视为超越世俗世界的境界崇高的重要文化活动。此外,陆氏将"翰卿墨客、缁流羽士、逸老散人,或轩冕之徒"纳入"茶侣"之列。[66]虽然从本书可以看出,僧人道士的参与一直是前近代茶文化的特点,但这一点在佛教复兴的明代更为突出。缙绅阶层的许多风雅之人特意寻访佛寺出产的茶。僧人植茶、制茶、售茶,佛寺又多名泉好水,吸引了喜好品茶的文人造访,与僧人交游,并对佛教思想产生了更浓厚的兴趣。

僧人除了从事茶的商业化活动,对来访的文人往往也很热情。王世贞曾如是描述其虎丘山之行:

> 金陵一地多古刹,其地又多据山水之胜,然往往为声酒所污,余甚厌之。凡三过瓦官寺,寺僧独具茗,以嘉疏起面饼供,余辄欣然为饱。[67]

虽然寺院被认为是清净之地,但因游人不绝,一些寺庙反因游人聒噪而喧闹不堪。王士贞告诉我们,逗留寺院,僧人的茶、饼使其得以暂避人群。"僧寮""道院"时常由文人列为宜茶之所,明人也常以淡雅生活为僧众风习。画坛名家沈周曾赞誉某僧人为茶艺大师,可为一例:

> 吴僧大机,所居古屋三、四间,洁净不容唾,善瀹茗。有古井清冽为称,客至出一瓯为供饮之,有涤肠湔胃之爽。先公与交甚久,亦嗜茶,每入城必至其所。[68]

明代苏州城富庶繁华，人文荟萃，名山庙宇繁多。沈周不会缺少遣兴释怀之法，但他既嗜茶又通茶艺（其祖父亦为品茶名家），因此他对大机的称赞值得认真对待。

关于僧俗茶人的交游，现再举一例。终南僧人明亮从天池山来，饷名士陆树声天池茶，并传授烹点方法：

> 大率先火候，其次候汤，所谓蟹眼鱼目，参沸沫沉浮以验生熟者，法皆同。而僧所烹点，绝味清，乳面不伙，是具入清净味中三昧者。[69]

明亮是翻遍所有明代茶书能见到的僧人茶艺大家的典型，此处我们也看到宋代"点茶三昧"说的回响。明亮擅长看似日常的事务——烹点茶——但他将其升华至极高的境界，只能用三昧来形容。另一位僧人茶艺大师是"三茶和尚"，他来历不详，形迹古怪，但因爱茶而闻名。居无定所，流寓铅山旁。[70] 道家亦有嗜茶者，如下文描述的徐道人：

> 居庐山之天池寺，不食者九年矣。畜一墨羽鹤，尝采山中新茗，令鹤衔松枝烹之，遇道流辄相与饮几碗。[71]

天池是一座佛寺，出产著名的天池茶。云泉道人是另一位著名的道家茶艺大师，据说他从平日品各种茶中悟出茶理，认为茶分"肥瘦"，这一见解不载于任何经典茶书。[72] 由此可以看出文人已注意到宗教人物有贡献于品茗新理论的发展。

寺院多在有茶有水的地方。虽然江南一带许多寺庙产好茶，但佳茗仍需名水来配——所有专家都赞同唯有如此方能尽茶之真味。在善于鉴水者眼中，水品是意义最重大的因素，明人认为水品中以山泉为最佳。此外,泉水的特点与其所出之山的特点一致。[73]佛寺多在风水绝佳的山中,茶人为了喜爱的茶不辞路遥。1597 年袁宏道撰于杭州的"游龙井记"说明了明人如何看待寺院中的水品:[74]

> 龙井泉既甘澄,石复秀润,流淙从石涧中出,泠泠可爱。入僧房,爽垲可栖。余尝与石篑、道元、子公汲泉烹茶于此,石篑因问龙井茶与天池孰佳。余谓龙井亦佳,但茶少则水气不尽,茶多则涩味尽出,天池殊不尔。大约龙井头茶虽香,尚作草气,天池作豆气,虎丘作花气,唯岕非花非木,稍类金石气,又若无气,所以可贵。岕茶叶粗大,真者每斤至二千余钱,余觅之数年,仅得数两许。近日徽人有送松萝茶者,味在龙井之上,天池之下。龙井之岭为风篁,峰为狮子,石为一片云、神运石,皆可观。秦少游旧有《龙井记》,文字亦爽健,免酸腐。[75]

这篇游记生动地反映了文人结伴入山访茶、评茶以及一边品茶一边为茶序次第的情形。对这些茶的品质的描述和我们提起过的其他茶书相符。茶自身是讨论的主题:像许多时候那样,文人们在如画的风景中评水鉴茶,僧人只是这一严肃事务的背景之一。

如果说有时僧人只是文人茶文化中的配角,那么他们对茶在僧人日常修行中的名声仍有强烈的兴趣。在朱朴(1339—1381)的诗中,茶被认为是僧人静修、求自得的生活中的基本组成部分:

> 洗钵修斋煮茗芽,道心涵泳静尘砂。
> 闲来礼佛无余供,汲取瓷瓶浸野花。[76]

朱诗代表了文人对出家人修行生活的高度理想化的想象——断绝俗念,怀着一点虔敬之心专意于煮茗插花。诸如此类对另一种生活方式的想象尤其有吸引力，因为它们代表了明代大多数文人——尤其是那些卷入残酷的党派之争的官员，所经历的压抑、焦虑的反面。不过，即便是僧人歌咏在大自然中边写诗边煮茶的诗作也有一些浪漫的变化，僧德祥（时间不详）在《题书经诗》中云：

> 池边木笔花新吐，窗外芭蕉叶未齐。
> 正是欲书三五偈，煮茶香过竹林西。[77]

图 8.2　龙井寺（左上），《三才图会》（明刻本）

这首僧人的诗歌和那些想象自己是僧人的文人诗歌很难区分。
这类诗歌的风格与内容预先已有意向,茶是诗歌的意象之一,用以　190
营造静思冥想的氛围。同时,诗歌也常常述及文人邂逅作为"他者"
的僧人并一起饮茶的情形,如彭孙贻诗曰:

老僧行脚遍天涯,手卷携看坐落花。
共话云山过亭午,竹炉几沸雨前茶。[78]

诗中依然是十分传统的景与情,雨前茶的高品质是唯一的线
索,暗示了老僧茶艺精深,堪为诗人谈话的伙伴。影响颇深的评论
家、鉴赏家董其昌在《赠煎茶僧》中描绘了更抽象的场景:"怪石与枯
槎,相将度年华。凤团虽贮好,只吃赵州茶。"[79]

在董诗中,僧人几不可见,唯一能说明其存在的是他所喝的茶。
无论是僧人自己作诗,或是文人写诗描述僧人的活动,我们都有强
烈的印象,即茶于清寂的得道之人不可缺少。这类诗歌中常出现的
宗教人物的形象是远离尘世,一心诵经,品饮佳茗的僧人。莫是龙
(1537—1587)、胡奎(约1331—约1405)等人的诗歌中都描述过这
样的饮茶僧人。除了僧人有足够的闲暇,他们的寺院常常植茶,僧
人日常茹素也被认为使其在嗅觉上至为敏感,能准确分辨出茶的产
地与类型。[80]

透过本研究可知,对茶的兴趣常与各种水的品鉴并行,或者换
言之,名茶需以名水配。从唐代陆羽品水,至宋明论水专著,作者们
述及水和汲水用具(罐、瓶、罂,等等)。有名泉的地方,如苏州境内
的无锡惠山、虎丘,很自然地成为文士开"汤社""茶社""读书社"的　191
中心。

鉴赏家凡论茶必论水,明人的文字记载大量提及名泉以及从中
取水的人。例如,惠山有"天下第二泉",徐献忠(1493—1569)有朋

远游归来，汲惠山泉一罂赠徐，徐立即生火煮茶品饮，并撰《煮惠泉赋》以记之。惠泉的美名如此之大，去惠山者都要呼朋唤友来品尝惠山泉水煮的茶，称赞二者的稀有。袁宏道有文记述其友丘长孺载惠山泉三十坛，命仆辈担回。仆辈恶其重，随倾于江，并取山泉水盈之而归。城中好事者相聚品水，皆叹羡不已。后长孺得知真相，大恚。袁宏道后任吴县知县，尝水既多，已能辨水。

虽然去惠山取水者甚多，但虎跑泉等地也非常有名。高濂（1573—1620）云：

> 西湖之泉，以虎跑为最。两山之茶，以龙井为佳。谷雨前采茶旋焙，时激虎跑泉烹享，香清味冽，凉沁诗脾。每春当高卧山中，沈酣新茗一月。[81]

高濂的短文代表了茶、泉水与诗歌的结合，也显示了顶尖的鉴赏家愿意为其兴趣爱好耗费多少光阴。

明代文人精英擅长安排生活，既要求其"雅"，又要求其"适"，更要讲求其"静"。有闲文人学者社会地位高，有机会游历山林，傍花随柳，翻山越岭，寻求仕宦生涯之外的快乐。在他们心里，寺院是幽静、雅适之地，读过书的僧人亦能解诗识趣，故明代文人常与僧人为友。僧人有和文人相同的精神气质与文化背景，而文人也欣赏僧人的出世和寻求了悟。明代地理学家徐霞客（1587—1641）性喜游历，走遍天下——必至名山大川，其卷帙繁多的游记多次记述僧人的生活，[82] 他尤好与僧人"煮茗谈诗"。

一些僧人热情参与品茶文化——和文人同好一起品茶论水。僧人讲法时会阐释茶艺，文人闲游寺院也多好此道。胡奎在《访僧不遇》中云：

三月青桐已著花，我来欲吃赵州茶。

应门童子长三尺，说道阇黎不在家。[83]

　　因为文人与僧家无缘相见，这段经历甚至被赋予了更多的意义。胡奎因无机会与高僧共饮佳茗而懊丧——但他更想念的是什么？茶还是高僧？正如宋代僧人，明代高僧也知如何礼待文人访客，与其谈佛论道，因此茶有助僧人与文士的交往。

　　明初文人唐文凤的《偕胡伴读访继上人》告诉我们文人如何看此种交往的场合：

**193**

为访高僧浣俗缘，黄花香寂晚秋天。

杜公诗句称支遁，韩子书辞慕大颠。[84]

嗜酒许开彭泽戒，吃茶应悟赵州禅。[85]

法华读罢心如水，方丈香浮一篆烟。[86]

　　该诗呈现了儒释之间思想与精神交流的整个历史。它不仅提到了唐代诗人杜甫和早期的翻译家支遁，也提及韩愈和禅宗和尚大颠的著名晤谈。皎然关于和陆羽共饮茶的诗歌，赵州和尚著名的偈语"吃茶去"以及陶潜（彭泽）嗜酒的典故也被糅入儒释交往的佳话。唐文凤等明代文人意识到自己是与僧人品茗谈禅的漫长历史的继承人，他们的诗歌承认这段历史，同时也坚信与僧人交往在他们自己的生活中具有意义。

　　一些僧人不仅擅讲经与茶事，亦通诗画。著名理学学者高攀龙（1562—1626）的一段文字记载让我们一瞥僧人与文士都会陶醉的美学经历：

早起至龙井泉，泉味澄冽，中有蓝鱼盈尺，出没旁穴。寺僧言其寺有十景，因导余一一识之……僧复延至其精舍，曲折幽藏，图画满壁，依山开窗，巧石纵横，汲泉烹龙井茶饮之。[87]

高文表明儒释有共同的文化，僧人在推窗可见巧石的山中精舍里想象自己就是一位乡居文人。据记载，知名文士到访时，饶富文学修养的僧人好取寺藏古画、法书请他们题字，或奉茶焚香共同欣赏。他们谈佛论道，也不忘比较世俗的欢乐，如啜饮佳茗，赏鉴艺术珍品。

文人无论仕宦或乡居，多希望能有机会习静养性，故其庭园居所多竹木亭榭。山林幽静，既有名茶名泉，又有山寺可为习静养性之所，文人自然会识得寺院里的僧人。胡奎与朱朴均有诗记叙春夜在山中习静，留宿寺中，与僧人一起饮茶的经历。[88]

文人也在山中筑草堂，一如数百年前的陆羽。虽然草堂不在寺内，但也能成为与僧人见面品茗的地方，著名画家王问（1497—1576）有《山堂对客拾松子煮茗》一诗就描述了这样的场景。[89] 我们可以想象，这是在山中习静的文人学士共同的感想。

名山出名茶，因此去山寺者络绎于途。与山僧早已相熟者多能求得真品，否则只能购买。一般嗜茶之人每于清明、谷雨前后结伴上山，亲自采焙。如范允临（1558—1641）在《采茶寄宿僧舍》中述曰：

微雨逗松径，穆然来远风。
投林得奇趣，闻语识游踪。
麦秀银翻浪，茶香烟袅红。
一泓涵净绿，持此鉴心空。[90]

僧家下山时也会送茶叶给文人，以联络感情。例如，李日华载曰曾有一僧人馈赠极其珍贵的白茶：

　　　　普陀老僧贻余小白岩茶一里,叶有白茸,沦之无色,徐引觉
凉透心脾。僧云:本岩,岁止五六斤,专供大士僧,得啜者
寡矣。[91]

　　在类似主题的《山僧惠茶》诗中,诗人叙述了品饮山僧所赠之雨
前好茶后的所思所想。我们再次看到诗人既关注这种茶叶的现实
情况,也回想起过去的著名茶人——"若向卢仝啜""鸿渐品题嘉":　　195

　　　　僧来天目寺,贻我雨前茶。
　　　　英似黄金嫩,泉如白雪华。
　　　　长卿消渴思,鸿渐品题嘉。[92]
　　　　若向卢仝啜,宁言七碗赊。[93]

　　从这些诗句和散文可以看出,山僧馈赠给文人的茶叶通常非常
稀有、珍贵、有名,所以品茶大家也很珍惜。僧家与文人的往来无疑
也惠及寺院,因为他们用在那里自由生长的茶叶吸引了本不易得的
文人的惠顾。
　　文人茶侣追求游山玩水的乐趣,尤喜出名茶的山寺,因那里的
僧人精通茶艺。我们多次提及的江南虎丘山、惠山、龙泓山等地因
风景和寺院而闻名遐迩——且又距城市不远,可作一日游,因而吸
引了许多游客。山中古迹常成为文人吟咏的对象,他们作诗时少不
了又要汲泉品茗。对此袁宏道曾有如下描述:

　　　　竹床松涧净无尘,僧老当知寺亦贫。　　　　196
　　　　饥鸟共分香积米,[94]落花常足道人薪。
　　　　碑头字识开山偈,垆里灰寒护法神。
　　　　汲取清泉三四盏,芽茶烹得与尝新。

袁宏道勾勒出了一个僧人浪漫化的形象，虽然他又老又穷，却在破敝的寺庙里乐享佳茗。诗人也不仅仅是客观的观察者：他对寺院的历史——"开山偈"和现在的宗教仪式——香炉里祭祀护法神的冷灰感兴趣。有趣的是，一些明代作者无疑偏爱风景秀美的残寺破庙，胜过明亮、富足、香火旺盛的寺院。

明代，关注养生健体之风依然兴盛，人们认为常饮茶，但不多饮，则心肺清凉，烦郁顿释。张谦德（1577—1643）用我们在早先一些著作中见到过的词汇叙述了茶的药用功效："人饮真茶，能止渴、消食、除痰、少睡、利水，兼明目、益思、除烦、去腻。"除非重病，均可饮茶。小病需疗养者，在服药之前不妨饮少量茶水。李时珍在其著名的《本草纲目》中说茶主治瘘疮、利小便、去痰热、下气消食、破热气、除瘴气、治中风昏愦、治伤暑、合醋治泄痢，甚效。[95]人们还普遍认为茶与泉水相合是灵丹妙药，如梅志暹云：

> 昔自仙翁凿石开，源头便有活泉来。
> 曾闻遗老相传说，愈疾惟须饮半杯。[96]

唐顺之的《病中试新茶》也告诉我们茶的药用价值：

197

> 久不窥园圃，多应遍落花。
> 生涯只本草，岁月又新茶。
> 婚嫁身多债，诗书眼尚遮。
> 病来都忘却，恰似老僧伽。[97]

显然，明代文人学者知道山居者以茶养生，以茶治病。坐拥名茶名泉的寺院可借它们的养生功效、滋味和稀有性吸引文人，而寻僧访寺的文人得以品饮好茶好水，也视寺院为能让身心舒泰的去处。

## 小　结

明代,茶与宗教无论在现实或文人雅士的想象中都密切相关。南方各地的佛寺与僧人生产出许多为时人推崇备至的茶叶,明代的知识分子,尤其是在家修行的文人学者,强调茗饮的精神性方面,变品茗为日常修行。他们赋予茶以各种宗教意义,不仅如此,他们还使茶成为一种思想,在茶身上寄托他们对禅意生活的所有幻想。

文士与僧人的交往自然离不开茶——无论品茶论艺或以茶养生。文人寻山访僧,汲取名泉,购求名茶,常从与僧人的关系中获益,这一点我们能从凸显文人视角的文献资料中看出——但我们找不到寺院方面对一些细节的描述,虽然我们知道迄至明代茶已完全融入儒释关系之中。

# 第九章 结 论

198    本书考察了封建中国早期至其后大约 1800 年的时段里,作为宗教和文化商品的茶。我们审视了茶自身及其饮用法的变化,也探讨了宗教思想、机构和人物是如何影响茶的故事。我们学到了什么?首先,我们发现商品与饮品的历史和人类及其文化的历史一样复杂。其次,我们发现有必要质疑饮茶一事古已有之的成见,以及强调茶在传播中"自然而然"地成为中国举国之饮的叙事。相反,我试图在书中呈现构建茶文化的个体以及他们所做选择的重要性,并突出茶的历史偶然性和不同时期人们对茶叶与饮茶的不同认识。

本研究所用的许多文献资料来自封建社会的精英阶层,其中有茶书、文人唱酬的诗歌,其中一些涉及专深的"品茶"。虽然我们不应该凸显为部分读者写作的少数作者的审美判断,但是"品位"的构建是社会各阶层茶故事的重要特征,应该付诸笔墨。品位问题,两种意义上的"品位",贯穿全书并和更大的宗教及文化价值问题相互交织。例如,明人品茶经常会想象缁流羽士耽于静思默观的生活方式,而唐宋作者多认为一方水土或其不同凡俗的特性涵育了一方的
199    茶与水。不同寻常的茶常被描述为灵丹妙药,能使人成仙或开悟。

　　茶现在和过去都是日常的商品,又非凡品可比,饮之欲仙,这两个方面持续而变幻的张力贯穿了整个茶史。饮茶的实用性(解渴、悦志、醒脑、养身)和宗教的愿望、意象(茶有助成仙、轻身换骨)混合在一起。因为本书旨在揭示宗教思想、机构及人物对饮茶发明、发展的重大贡献,因此有必要在此简要回顾上述因素的意义何在。

## 观 念

　　思想方面,佛教的戒酒律伴随着唐代饮茶的崛起。不喝酒是佛教僧人与俗家信众重要的标志性特征,但是在茶未被广泛利用以前酒合适的替代品很少,佛教不饮酒的理想似乎只有在可以选择饮茶时才对人们产生广泛的影响。茶除了影响身心,还另有吸引力。正如酒,茶也可以进献给神佛或祖先,发挥重要的仪式性功能;它也能通过改变饮茶者的身心状态或成为人、鬼、神共享的饮品而调停人世与他世。

　　信仰宗教者多方利用茶,为自己或亲人积德,他们用茶供养佛陀和其他神灵,祭奠亡者,或施茶给香客解渴。自远古以来,酒便是标准的祭奠用品,但中古时期茶成为仪式中酒的有用而有效的替代品。虽然经书没有作此规定,因为译自梵文原本的佛经中没有提及,但是在中古中国以茶供佛已为佛教认可。茶甚至代替酒用来供 200
奉祖先。施茶给香客以积功德的观念造成了重要的社会影响,因为居士们为此目的成立的社邑也难免从事其他慈善和宗教活动。文人、僧人以茶互赠的事例更是数不胜数。因此,茶为思想交流提供了重要管道,也为诗画创作提供了灵感。

　　好饮茶的文人学者经常借用宗教概念描述茶的神力,尤其是唐代的《茶经》和诗歌,强调茶能使人成仙和(或)轻身换骨。诗人云,饮茶后肌骨变轻,肋生双翼,飞到了蓬莱仙境。很难说这是否只是诗意地描述茶对身心的影响,但是茶无疑常被浓墨重彩地赋予通常系之于灵丹妙药和其他神奇物质的意义。可以说,茶的生理效用——提神聚思、令人少眠——不仅从医学,亦从宗教的角度来阐释。本草书籍的编撰者用平实的语言描述茶,而诗人有意识地选择高妙的词汇来书写茶。

关于茶的神话,尤其是远古时期的传奇人物神农氏首先发现茶的传说历久不衰。这是 8 世纪的《茶经》人为的产物,该书在许多方面设定了说茶论茶的范围。虽然当时的文献依据表明唐代的其他作者深知饮茶不过是新近的文化现象,茶的发现也是人力所为,但陆羽把茶的起源上溯至远古,实际上为后世固定了关于茶的官方说法。因此我们看到,饮茶本质上虽是唐代的发明,但它在作为新生饮品传播的同时又被赋予令人肃然起敬的历史和神话。茶承载着如此庄严的神话出现,这一点告诉我们:为茶提供这样一个非同凡响的背景故事反映了人们认为茶在当时的意义多么重大。

在文人士子的生活领域,茶在不同时期与不同因素缠绕在一起,包括 8 世纪的中国南方,在陆羽与政治家颜真卿的交游圈中出现的重要、微妙、兼收并蓄的宗教观念;宋代品茶理想与概念的构建;明代茶自身作为一种思想的发展。诗人和其他文人学者都有可能用茶表达其思想观念。对一些人而言,茶可能代表了神圣或产生变化的意识状态,而在他人看来,真正懂茶是品味和社会差异的重要标志。最后,尤其是在明代,茶被作为精英消费者渴望的性灵生活的指针与标记。矛盾的是,16、17 世纪一种高度商品化且常常近乎为人痴迷的物质,也是一种理想化的、非物质的精神生活的重要符号。在品茶大家的想象中,代表此种生活的是煮茶的纯朴山僧。

## 机　构

我们在整本书中都很留意佛教机构（道教次之）在植茶、制茶和售茶中的重要性。在寺院中，僧人在许多方面用到茶：招待重要客人与准施主；作为日常饮品；作为寺僧常规性正式集会的仪式化的重要饮品。关于寺院在茶礼中的作用，我们的信息大多来自世俗的文献来源，如地方志、游记、散文，而非佛教典籍。不过，显然许多珍稀、昂贵的名茶（肯定也有许多普通的茶叶）都生长在寺院内外，且兼具汲取好泉好水之便。寺院种植茶这种经济作物风险低、回报高，茶也为其他财路有限的尼庵等地方提供了有吸引力的收入来源。宋明品茶大家往往更喜欢在茶叶产地当场品饮佳茗，而不愿被掺假或仿冒的茶欺骗。他们的上山品茶之旅有时也促使他们对在山上发现的寺院产生兴趣。

虽然我们能从借鉴了中国范本的日本茶文化后来的发展中，推断出在宋代的寺院里处处有茶的身影，但是寺院里茶与汤药的竞争程度仍不清楚。不过，细读当时的禅院清规可知，茶作为养生饮品的优势在宋代并不稳固，在寺院和世俗社会中，茶还要和各种各样饮用方便的粉末状汤药竞争。对这些流行汤药的殷切需求是宋代食补风习的一部分。这股风尚退潮后，茶才成为寺院和世俗社会中无可争议的非酒精类饮品之冠。

最初茶和酒争夺文化空间，但 8、9 世纪出现了"茶"热，茶事思想与实践迅速传播。11、12 世纪又兴起了类似的养生饮品热，茶又不得不和汤药展开竞争。最后，热潮消退，茶、酒、药并存，并且每一个都占据了自己独特的文化领域。 202

宋代，僧人经常在寺院里饮茶，他们也随时用茶款待来访的文人学子,但是最能反映寺院茶风的是大禅寺里僧众齐集的仪式化茶会(和汤会)。寺院生活中特定时候举行的庄严、正式的茶礼源自朝廷礼仪,它保证了岁月的平稳流淌,加深了群体认同,强调了寺院执事的等级。饮茶,它不存在于印度佛教寺院,由此成为中国佛寺重要的正式活动,凡饮茶必行礼、巡堂、烧香。

## 人　物

具有明确宗教背景的人物,如降魔藏禅师、陆羽及其友人诗僧皎然、其他有名无名的唐代诗人、日僧荣西、知名茶艺大师和品茶大家、具"点茶三昧"和其他技艺的僧人,在茗饮的发明与传播中发挥了关键作用。宗教的实践与世界观强烈影响了他们看待茶的方式。考察一些重要人物,如陆羽的生平,有助于加深我们的认识。即便把他们放在宏大的历史背景下会削弱一个杰出人物的贡献,我们也要了解他们的贡献的意义。

陆羽在寺庙中长大,终其一生与僧人养父关系亲厚。他最漫长的关系是与释皎然的友谊。我们不清楚他是否最早在寺院里开始饮茶,但无疑他很早已掌握茶学知识。除了《茶经》,陆羽的其他著作多已湮没不存,因此难以评价其全部作品。但从存目判断,显而易见他能自如地书写各种主题。陆羽的《茶经》与人们对茶的兴趣激增不谋而合,这可能是一件幸事。数百年来,《茶经》被默认为是关于茶的权威作品,也成为有抱负的其他茶学专家模仿的蓝本。

陆羽的友人皎然正是在茶的激发下写诗或为茶赋诗的唐代诗人之一。茶是唐诗的全新主题,那些以茶入诗的人可以创造文化景观中的全新景象。无论唐代诗人把茶作为日常饮品顺带一提,或是为其令身心焕然一新的神力讴歌一曲,他们创造了谈茶说茶的语

203

言,后世的论茶者都将以之为依归。

来华学佛的日本僧人荣西喝到了中国的茶,在书中表示茶的力量——尤其是和密宗的手印、真言、曼荼罗或桑等草药相结合时——本质上是无限的。用他独特的眼光看来,只有茶能提供日本的饮食中缺乏的苦味,从而扑灭当时肆虐于日本的瘟疫。他利用中国的文献资料和自己的个人经历,整合了佛教的宇宙观、中国的本草著作和当时中国医家的建议,把茶塑造为末世神药。

明代品茶大家接续了唐代诗人"文化工程师"的角色。他们推广了新型的茶叶和新的饮茶法,同时也创造了品茶的明确清晰的新美学。虽然他们品饮的许多茶叶产于佛寺,但他们的审美趣味往往更多地涉及对幽居僧人的简单生活的理想化想象。这样的僧人形象不是来自现实,而主要缘于他们在压抑、紧张的宦游生涯中对另一种生活的渴望。

世间流传的关于茶的观点——它是健康、灵性、珍贵、雅致的饮品——不是从天而降的:它们来自有理由用这样的方式论说茶的历史人物的头脑。我们考量思想、机构和个人的作用后会发现,茶的文化和宗教意义不是天赋的,而是被人赋予的。阅读了各种类型的材料后,我们或许能理解到这一过程中的部分实质。

本书考察了多种多样的原始材料:精英文人的诗歌、本草著作、地方志、寺院清规,等等。在一些实例中(如诗歌),材料非常丰富,因此有必要用一整章的篇幅来探讨一个朝代里挑选出来的事例。史上的医学文献大多会论及茶,但书中既言过其实地把茶吹嘘为灵丹妙药,也严肃地警告饮茶过量的危险。关于本书援引的资料有更 204 多可说,也有许多额外的资料略去未用。

本书揭示了释道观念、人物和机构如何参与茶文化的创造,这种文化似乎远远超出了这些宗教的范围。本书特别关注唐、宋、明的某些历史时刻,以便厘清宗教思想和机构如何在这些朝代发挥不同的作用。至于中国茶史的后续研究,本书中的一切其实都能进一步充实或修正。我希望本研究能鼓励读者把饮品视为不停变化的文化景观中鲜活的有机体,而不是惰性物质。此外,我也希望人们不要低估宗教思想、人物和机构对一个国家的饮食习惯的长期影响。

# 注 释

## 第一章　传统中国作为宗教与文化商品的茶

[1] 如 Gardella 1994;Hohenegger,ed.2009;Jamieson 2001;Ukers 1935。

[2] 此处采用了大卫·霍克斯(David Hawkes)的企鹅版译文;Hawkes 1977,第 2 卷,第 314-316 页。

[3] 在佛教对中、日物质文化的影响问题上,重要的研究成果分别为 Kieschnick 2003 (他对茶的探讨见第 262-275 页)和 Rambelli 2007。

[4] 施坚雅(William G.Skinner)最早提出,中国可分八九个大区域,贸易与经济活动在区域内进行,而不是遍及全国。见 Skinner1977。

[5] "品茶"一词出现较晚,虽然之前已有先声,但明以前未广泛使用。唐代诗人刘禹锡(772-842)和齐己(863-937)都写过《尝茶》诗。10 世纪的茶书《十六汤品》在其题目中使用了"品"字,并讨论了品茶的某些方面。1075 年,黄儒(1073 年进士)撰写了著名的《品茶要录》,探讨茶饼品质。关于文震亨《长物志》中涉茶内容的研究,参见 Owyoung 2000。

[6] Addison 1837,vol.2,p.135.

[7] Huang 2000,p.560.

[8] 关于植物学名史与长期以来对茶树分类的困惑,见 Weinberg 和 Bealer 2001,pp. 246-251.

[9] Huang 2000,第 503 页注释 3。这种争议始于 19 世纪初,根据民族主义可以划分为两种观点:英国人认为印度是茶叶的诞生地,而中国学者称中国才是原产国。见 Kieschnick 2003,p.262;陈椽 1984,第 26-28 页。

[10] 关于阿萨姆的茶业,最近的研究成果见 Sharma 2011。

[11] 见陈椽 1984,第 18-20 页。尤其应注意第 20 页的图表,它说明了汉语中的"茶"

与其他语言中的"茶"之间的语言关系。

[12]较近关于中国佛教名山的学术研究,见 Robson 2009。

[13]Jamieson 2001.

[14]对此我没有找到直接的证据。关于唐代精英阶层已能享用大量甜食的依据,见 Schafer 1963。

[15]Huang 2000,pp.563–564.

[16]关于《食疗本草》,见王淑民 2005,第 303–305 页;Engelhardt 2001,pp.184–187。

[17]《食疗本草译注》,第 29–30 页;英译文参考了 Huang 2000,p.512。

[18]关于战国时期至 19 世纪制茶工艺的发展,见 Huang 2000,第 551 页的图表。

[19]花茶的制作工艺,见前书 pp.553–554。

[20]《茶经·六之饮》,第 13 页;Carpenter 1974,p.116.

[21]同上。

[22]见郑培凯、朱自振 2007,"代序"第 21 页;本书第五章会更详细地探讨、翻译皮日休的序言。

[23]Huang 2000,p.561.

[24]同上,pp.519,562。

[25]Robbins 1974,p.125;《品茶要录》全文见郑培凯、朱自振 2007,第 89–96 页。

[26]见 Tseng 2008,p.2.

[27]见 Simoons 1991,p.459.

[28]《洛阳伽蓝记》,卷 3,《大正新修大藏经》(此后略作《大正藏》)第 51 册第 2092 部,第 1011 页中栏第 22 行–下栏第 1 行;英译文参考了 Jenner 1981,p.216;Huang 2000,p.511。

[29]载于《广弘明集》,卷 26,《大正藏》第 52 册第 2103 部,第 287 页下栏。

[30]中国佛教徒认为丝绸是一种制作过程中需要牺牲蚕的生命的动物产品,关于他们对丝绸的态度,参见 Young 2013。

[31]见 Knechtes 1997,p.237。

[32]刘淑芬 2004,第 130 页;关于寒食散,见 Obringer 1997,pp.145–223。寒食散又名五石散,起初用来治疗不举、抑郁、中风、呕吐。三国魏(220–265)时把它当作万能药,到了晋代(265–420)精英阶层服散助兴。它能使服用者进入放松的欣悦

状态,因其需要与温酒和冷食一起服用而被称为"寒食散"。

[33]刘淑芬2007。

[34]关于养生实践最好的英文介绍详见Kohn和Sakade 1989。

[35]Huang 2000,p.563.

[36]Li与Thurston 1994,pp.99-103。

[37]Huang 2000,p.569.

[38]关于饮茶有利于健康的研究,见Peedy 2012;甄永苏等2002。

[39]Huang 2000,p.564.第七章我会更详细地探讨这一警告。

[40]引自《续茶经》;见林正三1984,第209页。

[41]英译文在Huang 2000,p.564译文的基础上有所改动。《饮食须知》收入于传为邝
　　璠所作的农学著作《便民图纂》(1502)中。

[42]Clunas 1991,p.171.

[43]Steven Owyoung为此诗写过一篇很有用的、信息丰富的评论,详见:http://chadao.
　　blogspot.ca/2008/04/lu-tung-and-song-of-tea-taoist-origins_23.html(2012年10月
　　23日访问)。

[44]《全唐诗》,卷388,第4379页。本书第四章将对整首诗进行翻译和探讨。参见
　　Huang 2000,第554页的部分译文;法语译文见Cheng和Collett 2002,pp.5-7;
　　Owyoung的英译见:http://chadao.blogspot.ca/2008/04/lu-tung-and-song-of-tea-
　　taoist-origins_23.html.

[45]见林正三1984,第214页。

[46]Albury与Weisz2009;Juengst 1992.

[47]刘淑芬2004,第121页。

[48]关于阿拉伯世界的咖啡,见Hattox 1988;关于中国城市化的兴起,见Stephen H.
　　WestWest 1987,1997。

[49]刘淑芬2007。

[50]佛教典籍与印度佛教中均无供茶先例,这意味着在中国以茶供佛之举有时会招
　　来批评,《续茶经》引述的钱谦益(1582-1664)《茶供说》即为一例。见郑培凯、朱
　　自振2007,第806-807页。

[51]见Chen Jinhua 2002,2006.

［52］廖宝秀1990,第2页。

［53］廖宝秀1990年的论文全面探讨了唐代茶具。

［54］Pitelka 2003；关于茶之汤的前身，即宋代的茶汤，参见 Huang 2000,p.557。关于茶道及其与中、朝两国的联系，见 http://chanoyu-to-wa.tumblr.com.2013 年 Surak 论述了茶道与日本民族主义和国家神话之间的密切关系。

［55］《法宝义林》,第3册,第282页,"茶汤"。

［56］《大正藏》第45册第1902部,第903页下栏第7行。

［57］见 Mather 1968.

［58］《大正藏》第14册第475部,Lamotte 1976年译。

［59］见 Ludwig 1981,p.381.

［60］《封氏闻见记校注》,卷6,第51页；关于《封氏闻见记》,参见 Luo 2012。

［61］可参阅吴智和1980,第2-3页对此的评论。

**第二章　茶叶的早期历史：神话与现实**

［1］"Oldest noodles unearthed in China",http://news.bbc.co.uk/2/hi/science/nature/4335160.stm；陆厚远等,2005。

［2］如陈椽1984；对不加批判地声称远古时已饮茶的探讨,参见 Huang 2000,第506页注释5。

［3］陆玑(261—303)在《毛诗草木鸟兽虫鱼疏》中持这样的观点,见卷上,第14页。另见中国本草著作英文版中提到的相关内容：Read 1977[1936],注47、注541；Stuart 和 Smith 1977,pp.82,169-170,230,341,344,396,414；Bretschneider 1882,pp.178-179.

［4］Hucker 1985,p.113,#205；《周礼》,卷26,第498页。

［5］《神农本草经校注》,第94页。关于中国早期的本草书,参见 Schmidt 2006。

［6］Huang 2000,p.510.

［7］同上。关于涉及此问题的《太平御览》中的条目"茗",参见《太平御览·饮食部》,第732-761页。

［8］有关例子参见 Huang 2000,pp.510-511。

［9］同上,p.508。此处的英译参考了卜德(DerkBodde)的译文。

［10］关于《新修本草》,见 Wang Shumin 2005,pp.301-304。

［11］Huang 2000, p.512.

［12］《食疗本草译注》, 第 29 页。Huang 2000, p.512。

［13］Huang 2000, p.512。近来对《本草纲目》的研究, 见 Nappi 2009。

［14］Knechtges 1970-1971, pp.90-91。英译文见 Wilbur 1943, pp.383-392。王褒传见《汉书》卷六十四下, 第 2821 2830 页。

［15］见 Ceresa 1993a。

［16］见 Ceresa 1993a, 第 209 页引布目潮沨语。

［17］Goodrich and Wilbur 1942.

［18］见 Ceresa 1993a, 第 205 页表 1。

［19］Bretschneider 1882, p.208.

［20］Ceresa 1993a, p.206.

［21］《华阳国志校补图注》, 第 5, 175 页。

［22］为避讳,《三国志》将其名字改为韦曜。

［23］《三国志·吴书二十》, 第 1462 页; Bodde 1942, p.74。Huang 2000, p.509。

［24］《博物志校正》, 第 49 页。

［25］见《齐民要术校释》, 第 789, 832-833 页。

［26］对该书的介绍见 Knechtges 1982, pp.1-72。

［27］《唐韵正》, 卷 4, 第 25 页下; 参考了 Huang 2000, p.512 的译文; 程光裕 1985, 第 4 页。

［28］《茶经》, 第 14-17 页。

［29］同上, 第 13 页。

［30］中西方学者在这个说法上犯了年代错误, 关于这样的例子, 参见 Huang 2000, p.506。

［31］Henricks 1998.

［32］同上, p.102。

［33］Graham 1979, p.96.

［34］《〈淮南子〉逐字索引》, 卷 19, 第 1 页; 英译文出自梅杰 (Major) 等的《淮南子》英译本, 2010, pp.766-767。韩禄伯也收录并翻译了这段引文和其他早期的原始资料, 见 Henricks 1998, pp.106-107。

［35］Henricks 1998,p.107.

［36］《太平御览》引《本草经》语,卷984,药部一,第2-5页。英译文改编自Schmidt 2006,p.297。

［37］《茶经》,第14页;英译文参考了Carpenter 1974,p.122。

［38］《汉书》,卷30,第1777页。另见文树德1985,p.113。

［39］关于中古中国的饮食文化,参见Engelhardt 2001。

［40］文树德1985,p.114。该文本的历史非常复杂,见Schmidt 2006。

［41］《膳夫经手录》,第524页下。

［42］《日知录集释》,第7,448-451页;Zanini 2005,p.1273。

［43］见Nappi2009,p.24对陆玑《毛诗草木鸟兽虫鱼疏》的探讨。

［44］论述志怪小说最全面的英文成果为康帕尼(Campany)2006年的著作。

［45］《茶经》,第15页。

［46］笔者沿用了DeWoskin与Crump 1996,第190页中的英译文。卡朋特(Carpenter1974,p.126)有另外的译法,但没有表达出这段话的原意。

［47］《太平御览·饮食部》,第733页,第1337条。

［48］见Company 1996,pp.377-384。

［49］该书又名《搜神后记》,撰于刘宋后期或齐初;见Company 1996,pp.69-75。

［50］西晋设宣城郡,其地在今安徽东南。武昌山在今湖北鄂州南。

［51］《茶经》,第15页。英译文参考了Carpenter1974,pp.132-133。

［52］Company 1996,p.75.

［53］《搜神后记》,第50页。

［54］Company 1996,p.248。在注释89中,Company提到了以具有动物特征的人类为主要对象的志怪小说。

［55］Wu Huang 1987.

［56］见Bokenkamp 1986;英文版陶渊明《桃花源记》,参见Minford与Lau 2000,pp.515-517海陶玮(James Hightower)的译文。

［57］见《异苑》,卷7,第4页。关于《异苑》,可参阅Company 1996,pp.78-80,《异苑》中这一故事的梗概,见p.380。

［58］《茶经》,第16页;英译文参考了Carpenter 1974,pp.133-134,以及Company 1996, p.380。

[59]《茶经》,第16页;它也出现在《太平御览·饮食部》中,见第734页,第1340条。另见 Carpenter 1974,p.138。

[60]《南齐书》,卷3,第62页。

[61]广陵大概指长江以北的广陵郡,在今江苏境内。

[62]《茶经》,第16页。英译文参考了 Carpenter 1974,pp.134-135。

[63] Company 1996,p.261.

[64]关于《神异记》,见 Company 1996,p.53。

[65]鲁迅曾辑录书中几则故事,见鲁迅1967,第514页。

[66]余姚是浙江的一个县。

[67]《茶经》,第15页。Carpenter 1974,p.127。

[68]《饮茶歌送郑容》;《全唐诗》,卷821,第9263页。

[69]《饮茶歌诮崔石使君》;《全唐诗》,卷821,第9260页。该诗的英译可参阅 Stephen Owyoung:http://www.tsiosophy.com/2012/06/a-song-of-drinking-tea-to-chide-the-envoy-cui-shi-2.

[70]《楚辞校释》,第303页。英译文出自 Kroll 1996,p.159。

[71]《游天台山赋》。关于此赋,见陈万成1994。孙绰其实从未去过天台山,因此他只是在想象中游览此山。

[72]见 Pregadio 2006,pp.71-72。

[73]《名医别录》原书已失传,仅有部分佚文见于《大观本草》《政和本草》等本草著作。《茶经》,第16页;Carpenter 1974,p.138。

[74]《茶经》,第16页;另参考《晋书》,卷95,第2491-2492页,但《晋书·艺术传》并没有提及茶。

[75]鲁迅1967,第373-458页;王国良1999,第155页;Company 2012,pp.168-171。

[76]鲁迅1967,第415页。

[77]《茶经》,第16页;参考了 Carpenter 1974,p.135。《茶经》原文如下:释道说《续名僧传》:"宋释法瑶,姓杨氏,河东人。元嘉中过江,遇沈台真,请真君武康(在今浙江德清)小山寺。年垂悬车,饭所饮茶。永明中,敕吴兴礼致上京,年七十九。"

[78]原书已亡佚。这段话也著录于《太平御览》(见《太平御览·饮食部》,第 734 页,第 1339 条)。

[79]刘子鸾为刘宋孝武帝(453-464 年在位)第八子。

[80]刘子尚为孝武帝次子,字孝师。

[81]八公山在今安徽淮南市西。

[82]《茶经》,第 16 页;Carpenter 1974,p.135。

[83]见 Lippiello 2001,pp.102-104 的探讨。

[84]《老子》,卷 1,第 32 页。

[85]《瑞应图记》,第 4 页上至下;英译文出自 Lippiello 2001,p.102。

[86]Lippiello 2001,p102.

[87]参见 Smith 2001 和 McCants 2008,p.176。

[88]见 McCants 2008,pp.178-179.

## 第三章　唐代的佛教与茶

[1]对佛教与酒的介绍,可参阅道端良秀 1970。

[2]Ceresa 1990,pp.9-15.

[3]《新唐书》,卷 196,第 5612 页。

[4]见《佛祖历代通载》,卷 14,《大正藏》第 49 册第 2036 部,第 611 页中栏第 18 行-下栏第 10 行;《祖庭事苑》,卷 4,《续藏经》第 64 册第 1261 部,第 366 页下栏第 2 行-第 8 行。

[5]关于居士对喝酒吃肉(尽管是在更晚的时期)的态度,参见 ter Haar 2001,pp.129-147。

[6]Declercq 1998.

[7]《茶酒论》全本见 P.2718,P.3910,P.3192,P.3716,P.3906 和 P.4040。另有残本见 S.406 和 S.5774。关于《茶酒论》,参见 Chen 1963,暨远志 1991,朗吉 1986。

[8]暨远志 1991,第 101-102 页。

[9]Bon Drongpa 1993,p.xii。斯坦因也顺带提到了两个文本在主题上的相似性,见 Stein 1972,p.267。

[10]《茶酒论》的点校版可参见郑培凯、朱自振 2007,第 42-46 页。英译文在陈(1963)

的基础上有所改动。

[11]《白氏六帖事类集》，第 207 页。

[12] Ceresa 1996, p.19.

[13]《唐国史补》，第 6 页。

[14]《封氏闻见记校注》，卷 6，第 52 页。

[15] 这个故事可能指楚王（或手下某位将军）想和军士共享一箪酒，于是倾酒河中，让军士饮用。楚军因此士气大振，大败晋师。见 Chen 1963，第 278 页注释 18。

[16] 唐代，皇帝允许大臣进言，无所畏惮，称"赐无畏"。

[17] 英译文改编自 Chen 1963, pp.278-279。

[18] 关于传统资料来源中发现的古代中国的酒史，见蒲慕洲 1999。

[19]《史记》，卷 99，第 2723 页；蒲慕洲 1999，第 15 页。

[20] 蒲慕洲 1999，第 17 页。

[21] 例如朱熹（1130-1200）《家礼》，英译文见 Patricia Ebrey 1993, pp.157-163。

[22] 见 Harper 1986。讽刺的是，正是在《论语》中我们发现孔子告诫不可沉湎于酒。

[23] 清人关于酒令的专著，见俞敦培、楼子匡 1975。

[24] 这不等于说饮酒游戏已完全消失。关于明代的酒文化，参见王春瑜 1990。

[25] 英译文引自 Edwards 1937, pp.191-192。

[26] 该书也揭示出行酒令时取法职官制，立一人为"明府"（唐代别称县令为明府——译者注），规其斟酌之道，下设一"律录事"、一"觥录事"。至少在唐代社会的最上层，喝醉酒是非常严重的事情。

[27] Chen 1963, pp.279-280。

[28]《茶酒论》，第 42-43 页；英译文参考了 Chen 1963, p.280。

[29] 参见后文对法门寺地宫出土茶具的探讨。

[30] 见赖肖尔（Reischauer）译 1955，《入唐求法巡礼记》多处提及。

[31]《入唐求法巡礼记》，卷 1，第 306 页；英译文引自赖肖尔 1955, p.220。

[32] 降魔藏是北宗禅知名大师神秀（约 606-706）的弟子。《宋高僧传》（卷 8，《大正藏》第 50 册第 2061 部，第 760 页上栏）中有其传，但并未提及其好茶。另见《传法正宗记》，《大正藏》第 51 册第 2078 部，第 765 页上栏；《景德传灯录》，卷 4，《大正藏》第 51 册第 2076 部，第 224 页上、中、下栏；第 226 页上、中栏；以及第

232 页中栏的传记。又参阅 MaRae 1986,p.63;Faure 1997,pp.65,97-98,103,117。

[33]《封氏闻见记校注》,卷 6,第 46 页;部分英译文参考了 Kieschnick 2000,p.267。

[34]林正三 1984,第 209 页。

[35]同上,第 226 页注释 10。

[36]《茶酒论》,第 43 页;英译文引自 Chen 1963,p.281。

[37]毋氏的名字有不同写法,序言的标题在不同文献来源中也略有不同(有《代茶余序》《代饮茶序》《茶饮序》等——译者注);林正三 1984,第 226 页注释 11。

[38]《大唐新语》,卷 11,第 166 页;《太平广记》,卷 143,第 1028 页。

[39]Chen 1963,p.281.

[40]同上,p.282。

[41]"猩猩"是个现代用语,但在古时指长臂猿。据《太平御览》引《蜀志》语(卷 908,第 4026 页上),猩猩好酒,猎人利用这一点诱捕猩猩。关于猩猩的传说,包括被认为能说人语、好酒的猩猩的传闻,可参阅 Schafer 1963,p.209:"猩猩者,好酒与屐。人有取之者,置二物以诱之。猩猩始见,必大骂曰:'诱我也!'乃绝走远去,久而复来,稍稍相劝,俄顷俱醉,其足皆绊于屐,因遂获之。"(《唐国史补》,卷下,第 64 页)这些中古时期的故事显然是卢布鲁克(William of Rubruck)1253—1255年蒙古行记中下列文字记载(英译文来自 Rockhill 1967,pp.199-200)的鼻祖:"某日一契丹祭司与我同坐。他身穿色彩极美的红衣服,我问这颜色从何而来,他告诉我契丹东部乡野有大岩石,那里居住着某种动物,看着完全像人,但膝盖不能弯曲,只能跳跃前行。他们长不盈尺,遍体皆毛,生活在人迹难至的洞中。(契丹)猎户随身携带蜂蜜酒,饮之能酩酊大醉。他们在岩石中挖出杯子大小的洞,在洞中倒满蜂蜜酒(契丹没有葡萄酒,虽然他们已开始种葡萄,但他们用米酿酒)。然后猎户躲藏起来,这时那些动物就从它们的洞里跑出来喝酒,一边喊'钦钦'(Chin,chin),所以它们也因为这种叫声被叫作'钦钦'。它们成群结队来喝酒,醉倒后就大睡,这时猎户就出来缚住它们的手脚。他们割开它们脖子上的血管,取三四滴血后再放它们走。他告诉我,这种血非常珍贵,能把紫色染成红色。"

[42]有关例子见王重民等,1984,第 463,470 页。

[43]《文选》,卷 47,第 662 页。刘伶传见《晋书》,卷 49,第 1375-1376 页。

[44] Chen 1963,p.283.

[45] 同上,p.284。

[46] 关于孔子告诫不可过量饮酒,参见 Legge 1991[1935],第一册,p.232。

[47] 对六朝时期士人文化中之酒的最出色的研究可参阅鲁迅 1981。另见王瑶 1986。
欲了解魏晋名士饮酒作乐的社会背景,参见马瑞志(Richard B.Mather)2002,尤
其是第 400-432 页("任诞"篇和"简傲"篇)。关于竹林七贤,见 Holzman 1956。

[48] 英译文见 Giles 1964,pp.109-110。

[49] 关于酒用于宫廷礼仪的事例,见《新唐书》,卷 11-22,"礼乐志"。《资治通鉴》
(卷 212,第 6733 页)中另有关于地方上"乡饮酒礼"的记载——从 8 世纪中叶开
始,所有地方官都要设赏乐喝酒的正式宴会,以示敬老尚贤之意。见 Schafer
1977,pp.134-135。对礼仪与酒的重要研究还包括 Paper 1995,蒲慕洲 1999。

[50] 这样的例子如《诗经》第 209 篇(即《楚茨》——译者注),见《毛诗正义》。Paper
1995 年的著作详细探究了这一观念的意涵。

[51] 关于白居易和佛教,见 Ch'en 1973,pp.184-239。关于作为佛教徒诗人的王维,见
Wagner 1981,pp.119-149。

[52] 例如,白居易有《与诸客空腹饮》诗,见《全唐诗》,卷 443,第 4956 页;英译文见
Harper 1986,p.70。白居易自撰的墓志铭题为《醉吟先生传》,详情可参阅
Shinohara 1991。

[53] 关于这两个诏令的具体内容,见《唐大诏令集》,卷 108,第 561-562 页。对它们的
简要介绍可参阅郑雅芸 1984,第 48-50 页。

[54] Schafer 1965,pp.130-134.

[55] 关于受过教育的女性(此处指一位女冠)介入唐代酒文化的例子,参见
Cahill 2000。

[56]《坐忘论》,《正统道藏》第 1036 部,第 7 页上-第 8 页上;英译文引自 Kohn 1987,
pp.95-96。

[57] 相关例子见 Kohn2003,p.122。虽然 Kohn 没有对事实作出评论,但她提到的道士
戒律中和酒有关的问题和后文要探讨的佛教文献中的那些戒律非常接近。

[58] 见 Pachow 2000,p.151,它比较了《萨婆多部十诵律》和现存的其他戒律文本。

[59] 关于中国一些疑伪经中的酒肉戒,可参阅王微(Wang-Toutain)1999—2000。

[60]《大正藏》第 24 册第 1488 部,第 1048 页中栏第 9 行-第 16 行。

[61]《法苑珠林》,卷 93,《大正藏》第 53 册第 2122 部,第 972 页上栏第 24 行-中栏第 1 行。

[62]《大正藏》第 26 册第 1521 部,第 56 页下栏第 12 行-第 17 行。

[63]《大正藏》第 24 册第 1488 部,第 1055 页上栏第 4 行-第 5 行。

[64]关于这部重要的疑伪经,见 Groner 1990;船山徹( Funayama Tōru)2010。

[65]《梵网经》,卷 2,《大正藏》第 24 册第 1484 部,第 1005 页中栏第 6 行-第 8 行。

[66]《梵网经》,卷 2,《大正藏》第 24 册第 1484 部,第 1004 页下栏第 8 行-第 12 行。

[67]见 Lavoix 2002 和 Kieschnick 2005。

[68]《大正藏》第 85 册第 2873 部,第 1359 页中栏-第 1361 页上栏。

[69]《大正藏》第 85 册第 2873 部,第 1359 页中栏-第 1360 页上栏。部分英译文见 Overmyer 1990。王微 1999—2000 年的研究也聚焦该经书。

[70]有些研究成果会改变人们对敦煌僧人行为的看法——它们用证据说明僧人在家生活、结婚、饮酒,这样的成果见郝春文 1998,2010。关于敦煌佛教徒饮酒,见 Tromber 1999—2000。

[71]相关例子见谢和耐(Jacques Gernet 1995,p.273)提及的规条;"(全社成员)应令她提供足够整个斋会使用的酒"。

[72]同上,pp.248-277。

[73]记载寺院沽酒情况的敦煌文书为 S.286,S.372,S.1398,S.1519,S.1600,S.4373,S. 5039,S.5050,S.5786,S.5830,S.6186,S.6452;见 Giles 1957,pp.257,261-265;P.2032 (背面),P.2040(背面),P.2042,P.2049,P.2271(背面)。我们能从敦煌卷子 P. 2049(背面 1、2)中找到 924 年和 930 年净土寺的年度预算这两个完整的例子。

[74]Trombert 1999—2000,p.136.

[75]同上,pp.164-171.

[76]刘淑芬 2006a,第 375-377 页。

[77]同上。

[78]同上,第 375 页。

[79]同上,第 380-382 页。

[80]同上,第 380 页。

[81] 关于此画,可参阅 Hay 1970—1971。

[82]《全唐文》,卷 301,第 3059 下 -3060 上页;刘淑芬 2006a,第 376 页。

[83] 相关的英文资料参见早期韩伟的报告(1993)和后来 Karetzky(2000)的研究。关
于涉及法门寺文物的一些问题,参见 Robert H.Sharf,"The Buddha's Finger Bones
at Famen-si and the Art of Chinese Esoteric Buddhism."

[84] 关于完整的现场考古报告,参见陕西省考古研究院的《法门寺考古发掘报告》
(上、下册),2007。书中有许多高品质的彩图和清晰的图表。

[85] 韩伟 1993,第 45-46 页;Karetzky 2000,pp.64-65;陕西省考古研究院,2007,第 130
页和图版 70,71。

[86] 韩伟 1993,第 46-48 页;陕西省考古研究院,2007,第 123 页。

[87] 韩伟 1993,第 48-49 页;陕西省考古研究院,2007,第 133,137 页。

[88] 韩伟 1993,第 50-51 页;Karetzky 2000,p.66;陕西省考古研究院,2007,第 136-
137 页。

[89] 韩伟 1993,第 52-54 页;Karetzky 2000,pp.65-66;陕西省考古研究院,2007,第 131-
133 页。

[90] 见 Wang 2005。

[91] Karetzky 2000,p.63.

[92] 韩伟 1993,第 54 页。

[93] 见 Sharf,未刊稿。

[94] 见陕西省考古研究院,2007,图版 23-25,29-31。

[95]《受用三水要行法》,《大正藏》第 45 册第 1902 部,第 903 页上栏第 7 行-第 8 行。

[96]《受用三水要行法》,《大正藏》第 45 册第 1902 部,第 903 页下栏第 7 行。Zanini
2005,p.1272;Kieschnick 2003,p.267。

[97]《南海寄归内法传》,《大正藏》第 54 册第 2125 部,第 224 页下栏第 9 行-第 10 行。
Takakusu 1896,p.135;Kieschnick 2003,p.268。

[98]《教诫新学比丘行护律仪》,《大正藏》第 45 册第 1897 部,第 870 页下栏第 23 行-
第 25 行。Kieschnick 2003,p.268。

[99] 刘淑芬,2004,2006a,2006b,2007。

[100] 薯蓣汤是由山药做成的汤药,是唐宋时期最著名的养生汤。详见刘淑芬 2004。

此说的依据是《宋高僧传》和其他传记中的例子——参阅刘淑芬 2007，第 633 页引用的原始资料。

[101] 该书传为陶榖撰，但时间可能更晚；见 Hervouet 与 Balazs 1978，p.320。

[102] 见《清异录：饮食部分》，第 124 页。

[103] 同上，第 119 页，原文为："吴僧文了善烹茶。游荆南，高保勉白于季兴，延置紫云庵，日试其艺，保勉父子呼为'汤神'。"另见《十国春秋》，第 103 页。荆南是南方小国。907 年，后凉任命高季兴为荆南节度使。924 年，后唐封高季兴为南平（在今湖北江陵）王。963 年，南平归降于宋。

[104]《清异录：饮食部分》，第 119 页。见程光裕 1985，第 25 页。"百戏"（字面意义为"百种游戏"）指带有戏剧性或艺术性的表演，如杂技之类。

[105] 有关例子见 http://chabaixi.baike.com.

[106] 见 Pregadio 2007，pp.757-758 上 James Roberson 关于该书的条目。

[107] 见 Roberson 2009，p.166。

[108] 高力士是唐代权宦，因既资助佛寺，又资助道观而知名。

[109]《南岳小录》，《正统道藏》第 453 部，第 5 页上至下。

[110] Roberson 2009，p.166.

[111]《唐会要》，第 50 页；程光裕 1985，第 20 页。

[112] 见《历代名画记》，第 10 页。

[113]《玄真子外篇》，《正统道藏》第 1029 部，卷 3，第 4 页上。

[114]《全唐文》，卷 628（原注出处有误——译者注），第 6733 页。见叶宝忠 1995。

[115] 见 Bodde 1975，pp.273-288。作者详细论述了上巳节，这一天人们喝酒吟诗，其中喝酒总是必不可少。

[116] 元稹（779—831），《全唐诗》，卷 423（原注出处有误——译者注），第 4652 页。诗歌第一节的英译参考了 Mark Edward Lewis 2009，p.142。中文原诗为宝塔诗。

### 第四章  唐代茶诗

[1] 见程光裕 1985，第 16-20 页。高桥忠彦（Takahashi Tadahiko 1990）对唐诗中的茶做了最全面的研究，本章完全吸收了他的研究成果。关于唐代僧人的茶诗，参见萧丽华 2009。吕维新、蔡嘉德 1995 年的注释版唐代茶诗选集对本章亦有非常大的

帮助。

[2]关于盛唐及盛唐诗歌,见 Owen 1981。

[3] 诗歌 的 英译见 Steven D. Owyoung; http://www. tsiosophy. com/2012/06/spoiled -daghter/,2012 年 7 月 7 日访问。比勒尔( Birrell 1982, pp.82–83 ) 也翻译了该诗,与此稍有不同。

[4]《茶经》,第 15 页。Ceresa 1990, p.151。《周礼·天官·膳夫》提到了"六清","九区"指传说中古代中国的九州。

[5]《全唐诗》,卷 218, 第 2288 页;卷 224, 第 2293 页;卷 224, 第 2399 页;卷 233,第 2578 页。

[6]《全唐诗》,卷 226,第 2433 页;英译文见 Young 2008, p.230。

[7]《全唐诗》,卷 224,第 2399 页;Young 2008, p.51。

[8]《登福先寺上方然公禅寺》,《全唐诗》,卷 114,第 1158–1159 页。福先寺是武则天为纪念其母在洛阳建造的寺院。见 Forte 2005。诗中的"然公"可能指福先寺住持湛然大师。见 Chen 1999,第 51–80 页。

[9]详见 Chen 1999。

[10]关于王维与佛教的因缘,见 Wagner 1981,尤其是第四章。

[11]关于韦应物及其诗歌,见 Varsano 1994 与 RedPine 2009。

[12]《全唐诗》,卷 125,第 1258 页;王维、赵殿成 1961,第 107 页。关于佛教对王维作品中冷、热隐喻的影响,参阅 Lemova 2006。

[13]《全唐诗》,卷 126,第 1267 页;王维、赵殿成 1961,第 118–119 页。英译文引自 Barnstone 与 Xu 1991, p.61。

[14]《全唐诗》,卷 127,第 1291 页;王维、赵殿成 1961,第 218–219 页。

[15]《喜园中茶生》,《全唐诗》,卷 193,第 1994 页。

[16]见 Barrett 1991;Sharf 2007;Rambelli 2007, pp.14–15。Varsano( 1994)把韦应物称作"自然诗人"。

[17]《全唐诗》,卷 178,第 1818 页;瞿蜕园 1980,第 1127–1129 页。

[18]玉泉寺位于今湖北当阳县玉泉山,是唐代重要的佛刹之一。6 世纪 90 年代初天台智顗创立玉泉寺后,它一直是唐代天台宗重要的权力中心。见 関口真大( Sekiguchi Shindai)1960。

[19]关于"仙鼠"，见 Schafer 1967，p.234。

[20]吕温(772-811)《南岳弥陀寺承远和尚碑》云："开元二十三年(735)，至荆州玉泉寺谒兰若真和尚，即玉泉真公也。"见瞿蜕园 1980，第 1129 页。铭文见《全唐文》，卷 630，第 6354 页；James Robson 2009，p.303 的相关探讨。

[21]"中孚"法号来自《易经》第 61 卦。

[22]参考了 Cheng 与 Collett 2002，pp.1-2 的法语译文，以及 Steven D.Owyoung 的英译：http://chadao.blogspot.ca/2011_04_01_archive.html，2012 年 7 月 7 日访问。

[23]对仙人洪崖我们所知不多，参见 Company 2002，第 273 页注释 513 提到的少数资料。洪崖或许是传说中黄帝的臣子，也或许是尧帝时一位三千岁的仙人，到汉代仍活着。"拍洪崖肩"指"成仙"。

[24]"无盐"是齐国钟离春的外号。据说她"极丑无双"，但齐宣王(公元前 319—301 年在位)为其忠诚所动，立其为后。此处李白自比无盐，而把中孚的诗捧为"明镜"。

[25]"西子"指传说中春秋时期越国的美女西施或施夷光。她和另一位美女郑旦被派往吴国，将吴王夫差迷惑到不理朝政，致使吴国在公元前 473 年为越国所败。

[26]英译文参考了 Tseng 2008，pp.45-46 以及 Steven D.Owyoung 的译文。

[27]钟乳石是中古中国追求长寿或长生者普遍搜求并服食的矿物之一。有关例子见 Schafer 1967，pp.142-144，156；Eskildsen 1998，pp.20，22，25；文树德 1986，p.232。

[28]关于李华，参见 Owen 1981，pp.243-246。

[29]《全唐诗》，卷 153(作者误作卷 156——译者注)，第 1588 页。

[30]关于云母，见 Schafer，p.1955。

[31]关于这一含义的"玉泉"，见李约瑟、鲁桂珍 1983，p.151。

[32]《全唐诗》，卷 136，第 1378 页；英译见 Tseng 2008，p.26。对储光羲的探讨见 Owen 1981，pp.63-70。另见 Schafer 1989，pp.63-64。

[33]Schafer 1989.

[34]《茶经》第 15 页("七之事")引傅咸(239-294)《司隶教》曰："闻南方有以困，蜀妪作茶粥卖。"见 Carpenter 1974，p.126。《食疗本草》解释了如何做茶粥："煮取汁，用煮粥良"，见《食疗本草译注》，第 30 页。

[35]《岑参集校注》，第 345，365 页。岑参是一位边塞诗人，见 Waley 2002(1963)。

[36]《全唐诗》,卷200,第2086页;《岑参集校注》,第270-271页。

[37]《全唐诗》,卷206,第2153页;卷207,第2162,2165页。

[38]《全唐诗》,卷206,第2153页。参阅Cheng和Collett(2002,p.28)的法译。

[39] Kieschnick 2003,pp.222-249,尤其是p.245提到了唐代其他文人作品中的"绳床"。

[40] 关于诗人刘禹锡,见Owen 2006,pp.42-45。关于刘禹锡与白居易之间的诗歌酬
唱,见Yang 2003,pp.157-158。白居易的诗——歌咏煮茶之香——见于Owen
2006,p.71。

[41]《全唐诗》,卷358,第4036页。

[42]《全唐诗》,卷356,第4000页。参考了Cheng和Collett(2002,pp.31-32)的法译。

[43]《全唐诗》,卷357,第432页;参考了Tseng 2008,p.39的英译文。

[44] 例子详见《全唐诗》,卷379,第4247页。

[45]《全唐诗》,卷239,第2688页。英译见Tseng 2008,p.31;法译见Cheng和Collett
2002,p.19。

[46]《全唐诗》,卷207,第2165页。英译见Tseng 2008,p.34。江州在今江西省。

[47] 魏舒(209—290)是晋朝名臣,年幼时为外祖家所养,后成为朝廷名臣。魏舒传见
《晋书》,卷41,第947-950页。

[48] McNair 1998,p.99.

[49] McNair 1992—1993;《全唐诗》,卷788,第8882页。

[50] 见Nielson 1973,贾晋华1992,Williams 2013。皎然的诗论详见《诗式校注》。其诗
歌选集有宋一卷本,但无现代版本。《唐人五十家小集》中有《唐皎然诗集》一
卷,另有明本《杼山集》。皎然曾居于杼山。

[51] Faure 1997,p.53;贾晋华1999,第180-185页。Jorgensen 2005,pp.621-622。

[52]《全唐诗》,卷821,第9260页。参阅Cheng和Collett的法语译文(2002,p.21);此
处引用了Steven Owyoung的英译,详见http://www.tsiosophy.com/2012/06/a-
song-of-drinking-tea-to-chide-the-envoy-cui-shi-2/,2012年7月9日访问。

[53] 毕卓传见《晋书》,卷49,第1380页。他曾盗饮邻人之酒,被抓住后缚于酒瓮边,
直至天明。

[54] 前一章我们讨论过丹丘子。

[55] 关于禅宗"顿悟"的意义,参见Gregory 1987年收集的文章。

［56］《全唐诗》,卷816,第9185页。

［57］《全唐诗》,卷818,第9225页。

［58］《茶经·五之煮》,第13页。

［59］《全唐诗》,卷821,第9266页。法语译文见Cheng和Collett 2002,pp.23-24。裴方舟(裴济,活跃于8世纪晚期)是皎然和陆羽共同的朋友。

［60］此处指被称作清泠真人的西汉人裴玄仁及其弟子支子元。裴的师父为赤松子,其训勉载于上清派的名作《真诰》。

［61］关于重阳节文学史,参见Davis 1968。

［62］关于陶诗在唐代的影响,见田晓菲2005。

［63］《全唐诗》,卷817,第9211页。

［64］对隐士卢仝的探讨,参见程光裕1985,第17页。关于该诗及其背景,参见Steven Owyoung:http://chadao.blogspot.ca/2008/04/lu-tung-and-song-of-tea-taoist-origins.html 和 http://chadao.blogspot.ca/2008/04/lu-tung-and-song-of-tea-taoist-origins_23.html.

［65］卢仝:《走笔谢孟谏议寄新茶》,《全唐诗》,卷388,第4379页。此处的英译文参考了Tseng 2008,pp.47-49;Hohenegger 2006,pp.20-21;Blofeld 1985,pp.11-13以及Cheng和Collett 2002,pp.5-7的部分法语译文。

［66］《全唐诗》,卷437,第4852页;法译文见Cheng和Collett 2002,p.33。关于诗人歌颂茶,见林正三1984,第214页。

［67］例子见《全唐诗》,卷449,第5058页;卷451,第5100页。

［68］《全唐诗》,卷430,第4750页;英译文见Tseng 2008,pp.27-28。

［69］作者原注有误。

［70］《全唐诗》,卷443,第230页;英译文见Tseng 2008,p.30。后文作者的说法易生误解,事实上唐代仍普遍用茶釜煮水,唐诗中大量出现的"蟹眼""鱼眼"也充分说明煮水时能看见釜中气泡,如"时看蟹目溅,乍见鱼鳞起"(皮日休),"沫下麹尘香,花浮鱼眼沸"(白居易),等等——译者注。

［71］"火前"指禁止用火的寒食节之前。

［72］"鱼眼"是个技术术语,指的是煮水的某个阶段。气泡的大小形象地说明了水的热度。煮茶时水不能太烫。

[73]《全唐诗》,卷439,第4188页。英译文见 Tseng 2008,p.8。

[74]《全唐诗》,卷439,第4891页。

[75]例如,《夜闻贾常州、崔湖州茶山境会》,《全唐诗》,卷429,第65页;英译见 Tseng 2008,p.40。《萧员外寄新蜀茶》,《全唐诗》,卷437,第158页;英译见 Tseng 2008, p.44。

## 第五章　茶圣陆羽:陆羽生平与作品的宗教色彩

[1]见成田重行(Narita Shigeyuki)1998。关于现有资料中陆羽生平一些关键问题的细致讨论,参见舒玉杰1996,第98-160页。

[2]《唐国史补》,第34页;《因话录》,第86页;《太平广记》,卷201,第1514页;《唐才子传校笺》,第1册,第630页。另见欧阳修《集古录跋尾》对陆羽自传的评论,卷9,第2303页;程光裕1985,第15页。

[3]《集古录跋尾》卷9,第2303页;程光裕1985,第15-16页;又见《唐才子传校笺》,第1册,第627页。

[4]近期对唐代,包括叛乱对唐代经济、政治、社会和文化生活的影响的研究,见 Lewis 2009。

[5]见 DeBlasi 2002。

[6]《四悲诗》《天之未明赋》,《全唐文》,卷433,第4420页;Mair 1994,p.702;《唐才子传校笺》,第1册,第626页。

[7]《全唐诗》,卷611,第7053页。皮日休诗研究与翻译,见 Nienhauser 1979。

[8]《全唐诗》,卷846,第9569页。

[9]Greenbaum 2007,p.165.

[10]郑众(?—83),汉代学者。

[11]出自皮日休诗文集:《皮子文薮》,第163页。英译文见 Edwards 1937,vol.1,pp.183-184。

[12]《文苑英华》,卷793,第6页上至第7页上。文章的标题有时代错误——它作于761年,但陆羽直到780年才被任命为太子文学。

[13]《唐才子传校笺》,第1册,第622页。

[14]《大正藏》第49册第2036部,第611页中栏第18行-下栏第10行。

［15］《唐才子传校笺》,第 1 册,第 621-633 页。

［16］关于该书成书时间的讨论,见 Allen 2006,p.105 注释 1。关于陆羽的记载,见《国史补》,第 34 页。

［17］《因话录》,第 86 页;王谠(活跃于 1089 年)《唐语林》中的相关记载亦本于此,见《唐语林校正》,第 401 页。

［18］《太平广记》,卷 201,第 1514 页。

［19］Mair 1994;西脇常记 2000(含日译本)。见 Bauer 1990,pp.244-249,含德译本。自传见《全唐文》,卷 433,第 4419-4421 页和《文苑英华》,卷 793,第 6 页上至第 7 页上。

［20］Mair 1994,p.699.

［21］陆羽事迹系年见林正三 1984,第 217-225 页和成田重行 1998,第 240-250 页。

［22］《全唐文》,卷 433,第 4420 页;Mair 1994,p.699;Pei-yi Wu 指出(Wu 1990,p.18)陆羽袭蹈了陶潜(陶渊明)《五柳先生传》中的"先生不知何许人也"。也见西脇常记 2000,第 128 页。

［23］见《唐才子传校笺》,第 1 册,第 622 页。

［24］《天门县志》,第 559 页。

［25］事实上乔根森已指出这两个人物的相似之处,见 Jorgensen 2005,pp.621-622。

［26］分别见《唐国史补》,第 34 页及《因话录》第 86 页。根据周愿的文章,智积禅师又被尊称为"竺乾圣人"。后面会提及该文。

［27］王维的朋友裴迪(716—?)在其诗作《陆羽茶泉》中提到了西塔寺;见《全唐诗》,卷 129,第 1315 页。

［28］见《续高僧传》中的释彦琮(557—610)传,卷 2,《大正藏》第 50 册第 2060 部,第 437 页中栏第 7 行-第 10 行。关于仁寿年间安奉舍利的运动,见 Chen 2002,尤其是 pp.85-86 关于彦琮在此事中的作用。

［29］《天门县志》,第 768 页。

［30］唐才子传校笺》,第 1 册,第 623 页;第 5 册,第 140 页。

［31］Mair 1994,p.699.

［32］西脇常记 2000,第 128 页;见《集古录跋尾》,卷 9,第 2303 页。

［33］《唐才子传校笺》,第 1 册,第 622 页。

[34]《因话录》,第86页;《唐才子传校笺》,第1册,第623页。

[35] Johnson 1979, vol.2, p.131. Article 157.2b.

[36] 陆羽一生都非常熟悉《易经》,例如,他设计和让人铸造的风炉上的铭文就出自《易经》,详见 Owyoung 2008。

[37] 我们有可能(但可能性不大)知道陆羽的法名。颜真卿在其所撰《湖州乌程县杼山妙喜寺碑铭》(见《全唐文》,卷339,第3436页)里列出了参与修撰《韵海镜源》的群士名单,其中就有金陵沙门法海和陆羽。McNair1998,p.98探讨了此文。舒玉杰(1996,第102页)认为法海即陆羽法名,对此我持怀疑态度。碑铭中提到的法海更有可能是颜真卿和皎然的朋友,《六祖坛经》序的作者法海;见Jorgensen 2005,pp.404,633。

[38]《唐才子传校笺》,第1册,第622页。

[39] 英译文在 Mair(1994,p.700)的基础上略有改动。

[40] Jorgensen 2005,p.621; Yampolsky 1967,p.128.

[41] Jorgensen 2005,p.619.

[42] 见 Knechtges 1982,pp.311–336。

[43] 陆羽的笑话书在其自传中作《谑谈》,在《新唐书》的传记中称《诙谐》,而在《唐才子传》中为《谈笑》。惜已失传。

[44] 周愿,唐汝南(今属河南)人。除了与颜真卿及其幕僚的交往外,他的情况基本上不为今人所知。816年,周愿被任命为竟陵刺史。

[45]《全唐文》,卷620,第6257页。

[46] 李齐物被贬的背景,见 Twitchett 1979,pp.723–724。

[47] 见陆羽自传;Mair 1994,p.701;《新唐书》,卷192,第5611页;《唐才子传校笺》,第1册,第624页,它沿用了颜真卿为李齐物所作碑铭中关于二人首次见面的说法。

[48] Mair 1994,p.701;《唐才子传校笺》,第1册,第629页。崔国辅是苏州人,726年中进士。其仕宦生涯早期事迹无考。744年任礼部员外郎,752年因受朝中密谋政变者的牵连被贬为竟陵司马。

[49]《唐才子传校笺》,第1册,第627页。《宋高僧传》对皎然与陆羽的交往也有简要记载,见《大正藏》第50册第2061部,第892页上栏第24行。

[50] Jorgensen 2005, p.402.

[51] 同上,pp.407-412。

[52] 关于李冶,见 Cahill 2003。Minford 和 Lau(2000,p.965)翻译了李冶写给陆羽的一首名诗。

[53]《全唐诗》,卷 249,第 2808 页和卷 210,第 2181 页。

[54]《全唐诗》,卷 817,第 9210 页。

[55] Mair 1994,p.699,略有改动;《全唐文》,卷 433,第 4420 页。

[56]《全唐诗》,卷 820,第 9243 页。

[57]《送陆鸿渐赴越并序》,《全唐诗》,卷 250,第 2820 页。

[58]《全唐诗》,卷 308,第 3492-3493 页。

[59] 关于风炉及其意义,见 Owyoung 2008。

[60] 皎然有诗记录此事,见《全唐诗》,卷 816,第 9186-9187 页。

[61] 关于书法家颜真卿,见 McNair 1998;关于其仕宦生涯,见 McMullen 1973 和 McNair 1992-1993。颜真卿传见于《旧唐书》,卷 128,第 3583—3589 页和《新唐书》,卷 153,第 4847-4853 页。其文章见《全唐文》,卷 336-344;其诗作见《全唐诗》,卷 152,第 1582-1584 页和卷 788,第 8880-8886 页。

[62] 张志和,字子同,杭州东南金华人。曾于长安翰林院待诏,后被流放至长江三峡附近的万县南浦。被赦免返回后,成为一名隐士,自称"烟波钓徒",又号"玄真子"。其诗歌颂闲适生活。此外,张擅书画,能击鼓吹笛。他与陆羽的关系,见西脇常记 2000,第 133 页。

[63] 见 Mcnair 1998,pp.97-99 和《封氏闻见记校注》,第 11 页。

[64] 见《全唐诗》,卷 817,第 9198 页。

[65] McNair1998,p.97.

[66] 同上,p.97。

[67] 颜真卿是 6 世纪儒家学者颜之推(531—591)的后人,颜氏一族自称为孔子八大弟子之一颜回的后裔。见 McNair 1998,pp.33,43。对颜真卿关于唐代国家仪礼,尤其是皇帝丧葬仪礼的重要著作的探讨,见 McMullen 1999。

[68] McNair 1992—1993,pp.83-95.

[69] 关于张志和的《玄真子外篇》,见 Schipper 和 Verellen 2005,pp.304-305。清代为避

"玄"字讳,将玄真子改为"元真子"。

[70] McNair 1998,pp.98-99.

[71]《春夜集陆处士居玩月》,《全唐诗》,卷817,第9210页。

[72]《喜义兴权明府自君山至,集陆处士羽青塘别业》,《全唐诗》,卷817,第9201页。

[73] Hucker 1985,#6145,#6152.

[74]《题陆鸿渐上饶新开山舍》,《全唐诗》,卷376,第4220页。

[75]《旧唐书》,卷20,第352页和卷112,第3337页。

[76]《访陆处士羽不遇》,《全唐诗》,卷816,第9192页。

[77] 传记见《全唐文》,卷433,第4421页。

[78] 陆羽传记中皎然的卒年都作804年,但《佛祖历代通载》记为803年。

[79]《送陆畅归湖州,因凭题故人皎然塔陆羽坟》,《全唐诗》,卷379,第4253页。

[80] 对这类文献的研究,见 Kohn 2003,pp.203-225。

[81] 见 Owyoung 2008。

[82] 见廖宝秀1990,第10-11页。

[83] 详见《茶经·五之煮》,第12-13页;Carpenter 1974。

[84]"茶书"一词最早出现于1613年喻政编的《茶书全集》中。见 Ceresa 1993b,p.193。

[85] Ceresa 1993b,pp.194-195;郑培凯,朱自振2007,第49页。

[86] Ceresa 1993b,p.195.

[87] 现辑得的《茶述》详见郑培凯,朱自振2007,第49页。

[88] Ceresa 1993b,pp.196-200;传记见《新唐书》,卷175,第5246-5249页。

[89] 此一时期的朋党之争见 Twitchett 1979,pp.639-654。

[90] 此处的"煎茶"(尽管字同)与日文中的"煎茶(sencha)"无关。

[91] 刘的传记见《旧唐书》,卷153和《新唐书》,卷160。

[92] 见郑培凯、朱自振2007,第48页。陆羽是否曾著《水品》一书仍有疑问。

[93] Ceresa 1993b,pp.198-199.

[94] 温庭筠小传见《新唐书》,卷91,第3787-3788页(附温大雅传后,第3781-3788后);《全唐诗》,卷190下,第5078-5079页;《唐诗纪事》,卷54,第9页下至第10页上。

[95] 郑培凯、朱自振2007,第51-53页。

[96]同上,第46-47页。

## 第六章 宋代:驱乏提神、活跃社会的茶

[1]关于贡茶,参见程光裕 1985,第 53-55 页。

[2]Robbins 简要叙述了宋初福建经济发展的原因,参见 Robbins 1974,pp.122-123。

[3]见 Smith 1991。

[4]有关例子见程光裕 1985,第 26 页;关于唐宋诗歌中的琴,见 Egan 1997,pp.46-66。

[5]程光裕 1985,第 60-61 页。

[6]Huang 2000,pp.523-524 描述了宋代贡茶的制作。"焙"原指用炉子烘茶,但是在宋代它指制作茶叶的整个作坊。

[7]同上,p.524。

[8]Robbins 1974,p.127.

[9]同上,p.124。

[10]北苑使用的茶模的形制详见《宣和北苑贡茶录》,郑培凯、朱自振 2007,第 119-125 页。周密(1232—约1308)《武林旧事》中也有对贡茶的描述,英译文见 Owyoung 2000,p.28。

[11]Huang 2000,p.524,表 49。

[12]《大观茶论》,郑培凯、朱自振 2007,第 104 页;引文见 Huang 2000,p.524。

[13]《大观茶论》,郑培凯、朱自振 2007,第 104 页。(文中对蒸茶、榨茶的描述参见赵汝砺《北苑别录》,郑培凯、朱自振 2007,第 135 页。——译者注)

[14]蔡襄《茶录》和赵佶《大观茶论》描写了如何将茶饼小心置于竹焙篓上,纳火其下,将茶饼烘干。分别见郑培凯、朱自振 2007,第 78、107 页。

[15]郑培凯,朱自振 2007,第 77 页。Huang 2000,p.553 描述了如何用樟脑和其他物质熏茶。

[16]《宣和北苑贡茶录》,郑培凯、朱自振 2007,第 118-119 页。

[17]Robbins 1974,p.125;另见该书的校注版,收录于郑培凯、朱自振 2007,第 89-95 页。

[18]郑培凯、朱自振 2007,第 103-111 页。Blofeld 翻译并探讨了书中部分文字,详见 Blofeld 1985,pp.28-38。

[19]郑培凯、朱自振2007,第104-105页。

[20]同上,第105页。

[21]廖宝秀1996,第25页。

[22]见Egan 1994,p.171。

[23]郑培凯、朱自振2007,第106页;Huang 2000,p.557;廖宝秀1996,第28-30页。

[24]Owyoung 2000,p.29.

[25]见Clark 2001;Needham与Ronan 1978,pp.121-123。

[26]Huang 2000,p.559.

[27]程光裕1985,第31-32页;另有视觉证据,如传为周昉(活跃于780—810年)所作,但很有可能为宋代摹本的《调琴啜茗图》(手卷,绢本设色,28厘米×75厘米,现藏堪萨斯市纳尔逊—艾金斯美术博物馆)。

[28]程光裕1985,第33页。

[29]余国藩1980,第220-237页。

[30]程光裕1985,第21页。

[31]《四明尊者教行录》,《大正藏》第46册第1937部,第924页下栏;刘淑芬2006a,第372页;程光裕1985,第50页。另见《宋高僧传》中的"智慧传",第2页,见《大正藏》第50册第2061部,第716页中栏第24行-第25行。

[32]程光裕1985,第46-50页。

[33]同上,第51-53页。

[34]参见方豪1985。

[35]Robbins 1974,p.130.

[36]Robbins 1974,p.138.

[37]方豪1985,第140页。

[38]根据《维摩诘经》中的描述,有佛土名为"众香",在彼处说法者为"香积如来";在佛教文本中,"香积"也是寺院厨房的雅称。

[39]"外七邑":宋代杭州下辖九县,即钱唐、仁和、余杭、临安、于潜、富阳、新坡、盐官、昌化,后七县即为外七邑。

[40]《咸淳临安志》,卷五十八("货之品")。径山在余杭。

[41]方豪1985,第142-144页。

［42］《嘉泰会稽志》,第 17 页。

［43］方豪 1985,第 143 页。

［44］相关例子见程光裕 1985,第 21-24 页。

［45］《五灯会元》,卷 4,《续藏经》第 80 册第 1565 部,第 93 页中栏第 19 行-第 21 行。
在其他禅宗文献中也能发现这段对话,文字略有出人。

［46］"玉川"指唐代诗人卢仝。

［47］《集注分类东坡诗》,吴静宜 2006,第 265-266 页。原诗及法译文见 Cheng 与 Col-
lett 2002,pp.66-67。

［48］Cheng 与 Collett(2002,pp.65-77)翻译了苏东坡的一些茶诗。

［49］《金刚经注解》,卷 2,《续藏经》第 24 册第 468 部,第 777 页中栏第 6 行-第 12 行。
(王日休的原话为"世人不知此理,乃谓三昧为妙趣之意,故以善于点茶者,谓得
点茶三昧;善于简牍者,谓得简牍三昧。此皆不知出处,妄为此说也"。可见王
日休认为所谓"得点茶三昧""得简牍三昧"是对三昧的误用。请读者注意判
断。——译者注)

［50］见 Zheng Jinsheng(郑金生)2006;关于唐代的膳食学,见 Engelhardt 2001。

［51］Hirabayashi Fumio 1978,pp.49-50,67;刘淑芬 2006a,第 376-377 页。

［52］刘淑芬 2006a,第 381 页。

［53］同上,第 379 页。

［54］《禅苑清规》,卷 4,《续藏经》第 63 册第 1245 部,第 533 页下栏第 5 行-第 6 行。

［55］唐慎微(11、12 世纪):《重修政和经史证类备用本草》,第 13 卷第 333 页引《药性
论》语;译文参见 Zheng Jinsheng 2006,p.41。《药性论》的成书时间为唐代或五
代,可参阅郑金生的探讨(2006,注释 8)。

［56］《外台秘要》,卷 31,第 856-857 页。英译文由郑金生译,见 Zheng Jinsheng 2006,
p.42。

［57］Buswell 1992,p.178.

［58］《东京梦华录》,卷 3,第 117-118 页。Zheng Jinsheng 2006,p.43。

［59］《梦粱录》,卷 13,第 8 页。

［60］关于茯苓,参见 Company(2002,p.310 注释 73)详细的注脚。

［61］Zheng Jinsheng 2006,p.44。关于这一官办药局,参阅 Goldschmidt 2008。

[62]《天平惠民和剂局方》,卷 3,第 393-401 页;Zheng Jinsheng 2006,p.44。

[63] Schafer 1955;Company 2002,p.174 注释 136。其他汤药的名字见刘淑芬 2006a,第 364 页和刘淑芬 2004。

[64] Zheng Jinsheng 2006,p.45.

[65] 刘淑芬 2007,第 665 页。

[66]《梦粱录》,卷 16,第 262 页;Gernet 1962,第 49 页。宋代茶馆又名茶肆、茶坊、茶楼、茶室,等等,参见程光裕 1985,第 57-59 页。以妓女为特色的茶坊称作"花茶坊"。

[67]《重修政和经史证类备用本草》,卷 28,第 514 页。

[68]《东京梦华录》,卷 8,第 202-203 页。

[69] 例如三合会的礼仪中也用到茶,ter Haar 1998 年的著作中到处提及。

[70] 详见《法宝义林》,第 3 册对"中—日汤"和"茶汤"的探讨。

[71] Yifa 2002,pp.158,186.

[72] 同上,p.255 注释 83;刘淑芬 2007,第 632 页。

[73] Schlütter 2008.

[74] 见刘淑芬对《禅苑清规》的概述(2007,第 362 页)。

[75] 同上,第 634 页。

[76] 同上,第 636 页。

[77]《缁门警训》,卷 6,《大正藏》第 48 册第 2023 部,第 1070 页上栏。

[78] 刘淑芬 2007,第 637 页。

[79]《太平广记》,卷 21,第 143 页。

[80] 参考 Yifa 2002,p.257 注释 10:"有两种礼仪:一为煎点,即饮茶吃点心的礼仪;一为茶汤,即茶礼。"

[81] 如 Yifa 2002,p.294。

[82] 刘淑芬 2007,第 638 页。

[83]《禅苑清规》,卷 5,《续藏经》第 63 册第 1245 部,第 536 页中栏第 6 行-第 7 行。

[84]《禅苑清规》,卷 4,《续藏经》第 63 册第 1245 部,第 534 页下栏第 5 行。Yifa 2002,p.173 对"煎点茶汤"有不同理解,认为它们分别指"茶会"和"小型的茶会"。

[85] 见《大正藏》第 81 册第 2579 部。线描图见刘淑芬 2007,第 662 页。

[86]同上,第 662 页。

[87]同上,第 640 页。

[88]见《大正藏》第 81 册第 2579 部,第 696 页上栏;刘淑芬 2007,第 641 页。

[89]ter Haar 1992,p.27 注释 31,p.31 注释 41,p.38 注释 55,等等,虽然作者似乎把汤理解为"热水"而不是汤药。

[90]《宋高僧传》,卷 7,见《大正藏》第 50 册第 2061 部,第 752 页上栏第 14 行–第 14 行;刘淑芬 2006b,第 86 页。

[91]《云笈七签》,卷 60,第 1330 页。

[92]《禅苑清规》,卷 3,《续藏经》第 63 册第 1245 部,第 531 页中栏第 16 行。

[93]《禅苑清规》,卷 3,《续藏经》第 63 册第 1245 部,第 531 页中栏第 14 行–第 537 页上栏第 14 行。Yifa 2002,pp.182–185。

[94]参见刘淑芬 2007,第 643 页的表,该表说明职事人员按等级排列。

[95]会有一些细微的变化——刘淑芬注意到《禅苑清规》中有不同的结夏仪式,见刘淑芬 2007,第 644 页。

[96]《禅苑清规》的日文注释版中有这类茶榜的范例。

[97]座位图参见刘淑芬 2007,第 664 页。

[98]"赴茶汤",Yifa 2002,pp.129–131。

[99]依法法师把"煞茶"理解为"较低档的茶"(the lower grade tea),理由是清规的其他地方提到了"好茶"(higher grade tea)。她写道(2002,p.294 注释 24),"[这]似乎表明大多数场合下点的可能是中低档的茶"。刘淑芬(2007,第 648 页)则认为"煞茶"是茶粉。她指出,茶会是寺院中的盛礼,不是普通的场合,不会以较差的茶待客。

[100]《禅苑清规》没有具体说明"圣僧"的身份,见 Yifa 2002,pp.70–7。

[101]同上,p.183。

[102]《大鉴禅师小清规》,《大正藏》第 81 册第 2577 部,第 622 页下栏第 17 行–第 24 行。

[103]刘淑芬 2007,第 651 页;Yifa 2002,p.181。

[104]刘淑芬 2007,第 652 页。

[105]Yifa 2002,p.130.

[106] 刘淑芬 2007,第 653 页;刘淑芬 2006a,第 365 页;Hirabayashi Fumio 1978,p.140。

[107]《千金翼方》,第 161-162 页。

[108] Yifa 2002,p.163.

[109] 早在晚唐宫廷里已有赐茶赐汤的礼节;见程光裕 1985,第 20 页。

[110] 刘淑芬 2007,第 655 页。

[111] 崔元翰(729—795)在《判曹食堂壁记》中记述了会食的一些规定。见《全唐文》,卷 523,第 5321 页。

[112] 李翱(卒于 780 年)《劝河南尹复故事书》也提到说"板榜悬于食堂北梁,每年写黄纸,号曰'黄卷'"。见《李文公集》,卷 8,第 6 页下-第 8 页下。

[113] 刘淑芬 2007,第 656 页。

[114] 程颢见定林寺僧人熟谙礼仪,赞叹说"三代礼乐尽在是矣",参阅刘淑芬 2007,第 658 页。

[115]《缁门警训》,卷 7,《大正藏》第 48 册第 2023 部,第 1074 页下栏第 11 行-第 12 行。

[116]《禅苑清规》,卷 4,《续藏经》第 63 册第 1245 部,第 533 页上栏第 2 行-第 4 行。Yifa 2002,p.163。

[117] Yifa 2002,p.146.

[118] 同上,p.148。

[119] 同上,p.149。

## 第七章　东传日本:荣西《吃茶养生记》

[1] 关于《吃茶养生记》文本及其内容和背景的探讨,参见古田绍钦(Furuta Shokin)2000。对该书最出色的英文介绍见 Sen 1998,pp.57-74。法语的研究与翻译有 Girard 2011。

[2] 见 Welter 2006,p.104 注释 34。

[3] 高桥忠彦 1994,第 331 页。

[4] Goble 2011,p.9.

[5] 高桥忠彦 1994,第 332 页。另参阅《太平御览·饮食部》,第 732-761 页。

[6] 关于耆婆,见 Zysk 1991,pp.52-61 及 Salguero 2009。佛教中耆婆的故事,见《四分

律》,《大正藏》第 22 册第 1438 部,第 850 页下栏–第 855 页上栏。

[7]关于中国医学中的五脏,见席文(Sivin)1987,pp.213–236,349–378。

[8]《吃茶养生记》(古田绍钦 2000),第 78 页。

[9]同上,第 81 页。

[10]Chen 2009,pp.241–243.

[11]对这一点的论证很复杂,不易概括。参阅 Chen 2009。

[12]关于《三种悉地破地狱转业障出三界秘密陀罗尼法》和《摩诃止观》之间千丝万缕的联系,参阅 Chen 2009,pp.226–227。

[13]同上,pp.241–243。

[14]关于这一点,参见 Hayashi Yoshiro 2004。

[15]Hurst 1979,p.104.

[16]关于脚气病(lower-leg pneuma disease),参阅 Smith 2008。

[17]Furth 1999,p.82.

[18]Smith 2008,p.287.

[19]关于这些疾病,见 Hanson 2011。

[20]关于林洪及其著作,见 Sabban 1997。

[21]《山家清供》,第 109 页。感谢杜若彬(Robban Toleno)和我分享他的英译文。另参阅 Huang 2000,p.564 的部分译文,我认为 Huang 遗漏了林洪的一些论点。

[22]原注为作者对英译本的说明,此处从略——译者注。

[23]"四大"指构成万物的四"大"元素:地、水、火、风。"五脏"指人体内五个脏器。

[24]此处"汤"有可能指热水浴,但后来指汤药。

[25]不同传本中什么真言与什么佛有关不尽一致。见 Drott 2010,p.265。

[26]下面的例子出自《太平御览》。除了《太平御览》,荣西的另一个文献来源是唐慎微的《政和本草》。森鹿三对于荣西对此文献的运用做了最细致的研究,参见森鹿三 1999,第 342–531 页。

[27]"茆"很可能为"荈"之误。

[28]这段引文来自《太平御览》,它把早先的"荼"字改成了"茶"。见《太平御览·饮食部》,第 732 页。另见第二章中关于"荼"变成"茶"的讨论,以及中国古代辞书《尔雅》中可能指茶的一些条目。

[29] 括号中的解释可能为荣西自己所加。

[30] 此处"唐都"指南宋都城临安，即今杭州。

[31] 见陈祖槼、朱自振 1981，第 205 页第 17 条。

[32] 指今越南昆仑山一带诸国。

[33] 见陈祖槼、朱自振 1981，第 206 页第 21 条。《南越志》，沈怀远(557？—589？)撰。

[34]《茶经》，第 8 页；Carpenter 1974，p.59。

[35] 语出郭璞《尔雅》注，对此我们在第二章中已作探讨。见 Ceresa 1990，p.155。

[36] 该书全称为《桐君采药录》(又名《桐君录》)，陶弘景曾引用该书，因此其成书时间肯定早于陶弘景的时代。《茶经》也引用过《桐君录》，见《茶经》，第 16 页；Ceresa 1990，p.167；Carpenter 1974，pp.138–139。

[37]《茶经》，第 8 页；Carpenter 1974，p.59。

[38]《吴兴记》，山谦之(卒于 454 年或 455 年)撰。见《茶经》，第 17 页；Ceresa 1990，p.169。

[39] 见《茶经》，第 16 页；Ceresa 1990，p.163；Carpenter 1974，p.136；《太平御览》，第 867 页；另见本书第二章的相关探讨。

[40]《广雅》是张揖编撰的辞书，因内容广于《尔雅》而得名。见《茶经》，第 14 页；Carpenter 1974，p.123；Ceresa 1990，p.141。

[41] Greatrex 1987，p.84.

[42] 见《茶经》，第 14 页；Ceresa 1990，p.141；Carpenter 1974，p.122。本书第二章也讨论过《食经》。

[43] 引自《神农本草经》，对这段引文第二章已作探讨。另见《茶经》，第 17 页；Ceresa 1990，p.171；Carpenter 1974，p.141。

[44] 见《茶经》，第 15 页；Carpenter 1974，p.131；Ceresa 1990，p.155。

[45] "壶居士"及《食忌》迄今无考。见《茶经》，第 15 页；Carpenter 1974，p.132；Ceresa 1990，p.155.

[46]《新录》是陶弘景《杂录》的别称。《茶经》第 16 页上的引文与此不同。Ceresa 1990，pp.165–166；Carpenter 1974，p.138.

[47]《茶经》，第 16 页；Carpenter 1974，p.139。

[48]《太平御览》，第 867 页。杜育是西晋诗人。

[49]《茶经》，第 7 页；Ceresa 1990，p.151。

[50]本书第四章已探讨过该诗。

[51]六根，有时作六清。佛家名"六清"为"六根"，但我们在第四章中已注意到，张载所谓的六清实际指《周礼》中的六种饮品。

[52]《本草拾遗》，唐陈藏器撰。

[53]现存《天台山记》中并无此说。

[54]《白氏六帖事类集》通常简称《白氏六帖》，它是白居易编纂的一部著名类书。

[55]此部分包含了摘引自《太平御览》的三个例子，并附荣西个人的注释。

[56]立春约在 2 月 5—18 日之间。

[57]查无此书。《大正藏》中有四部经含阿吒婆拘陀罗尼咒，即第 1237—1240 部，统称"大元帅法"。阿吒婆拘又名大元帅明王，为印度的护法神，后又成为一切鬼神之王。致礼大元帅明王是真言宗护持国土的重要礼仪。见 Duquenne 1983。

[58]"大黄"为药物名。

[59]拉丁文名为 Achyranthes bidentata Blume。

## 第八章　明清茶叶经济中的宗教与文化

[1]Bartholomew 1990，pp.42，44.

[2]吴智和 1980，第 1 页。

[3]Owyoung 2009，p.49。陈祖槼、朱自振 1981，第 287 页。

[4]Owyoung 2009，p.49。陈祖槼、朱自振 1981，第 542 页。

[5]Brook 1998，pp.126-127.

[6]Owyoung 2009，p.49.

[7]陈祖槼、朱自振 1981，第 296 页。

[8]Huang 2000，p.529.

[9]Owyoung 2009，p.49。郑培凯、朱自振 2007，第 173-177 页。

[10]关于"品"的含义，见 Owyoung 2000，p.43 页注释 1。关于明代的品鉴文化及其与商业、运输体系的关系，见 Brook 1998。

[11]郑培凯、朱自振 2007。

[12]Owyoung 2000.

［13］同上，p.31。

［14］同上。

［15］Huang 2000，pp.553-554.

［16］吴智和 1980，第 22-26 页。

［17］见 Owyoung 2000，p.35。关于秦观（1049—1100）的《龙井题名记》，见 Strassberg
　　　1994，pp.199-203。

［18］见《煮泉小品》，郑培凯、朱自振 2007，第 197 页。

［19］《考槃余事》，1606 年初版，卷 3，第 8 页。关于屠隆的潜心向佛，见 Brook 1993，p.
　　　67；关于《考槃余事》，见 Clunas 1991。

［20］《浙江通志》，卷 101，第 17 页。

［21］Huang 2000，p.533.

［22］见前揭屠隆文，注释 19。

［23］例子见吴智和 1980，第 22 页。

［24］《茗斋集》，卷 17，第 167 页。

［25］见 Owyoung 2000，p.34。

［26］参见冯时可（1571 年进士）《茶录》，郑培凯、朱自振 2007，第 336 页。

［27］参见吴从先（万历年间）《茗说》，郑培凯、朱自振 2007，第 610 页。

［28］吴智和 1980，第 9 页。

［29］参见熊明遇（1579—1649）《罗岕茶记》，郑培凯、朱自振 2007，第 338-339 页。（查
　　　无此说，作者出处有误。经查，实出自周高起《洞山岕茶系》，郑培凯、朱自振
　　　2007，第 521 页。——译者注）

［30］参见许次纾《茶疏》，郑培凯、朱自振 2007，第 269 页。实为出自周高起《洞山岕茶
　　　系》，第 521 页——译者注。

［31］《茶疏》，郑培凯、朱自振 2007，第 270 页。

［32］《续茶经》，第 763 页引沈石田（沈周）《书岕茶别论后》语。

［33］见 Strassberg 1994，pp.305-307。

［34］Owyoung 2000，pp.31-32.

［35］《虎丘山志》，卷 10，第 16 页。

［36］《续茶经》，第 763 页。

[37]同上。

[38]Owyoung 2000,p.48 注释 130。

[39]《续茶经》,第 763 页。Owyoung 2000,p.32。

[40]《续茶经》,第 764 页。

[41]《续茶经》,第 816 页,引王梓(年代不详)《茶说》语。

[42]《福建通纪》,卷 4,第 7 页。

[43]同上。

[44]《续茶经》,第 816 页。

[45]《福建通志》,卷 60,第 10 页。

[46]参见其《茶考》,郑培凯、朱自振 2007,第 609 页。

[47]吴智和 1980,第 26 页。

[48]大多数茶在 Owyoung 2000 的文章中都有所涉及。

[49]Owyoung 2000,p.32.

[50]吴智和 1980,第 2 页。关于谢肇淛,见 Dictionary of Ming Biography,pp.546–550。

[51]《六研斋三笔》,卷 4,第 6 页。

[52]《娑罗馆清言》,第 1 页。

[53]《四时幽赏录》,第 18 页。

[54]见董其昌"《茶董》题词",郑培凯、朱自振 2007,第 371 页。

[55]见《晚明二十家小品》,第 221 页;屠本畯《茗芨》,第 315 页。所谓"茶性淫",实指茶极易沾染他物之气味,作者的理解有误——译者注。

[56]《古今图书集成》,卷 87,第 197 页。

[57]《娑罗馆清言》,第 3 页上。

[58]吴智和 1980,第 10 页。

[59]《古今图书集成》,第 15 册,第 917 页。

[60]黄九即宋代诗人、政治家黄庭坚。

[61]《匏翁家藏集》,卷 4,第 53–54 页。

[62]见 Zhang Dai( 张岱),"Old Man Min's Tea(《闽老子茶》)|China Heritage Quarterly","时间不详,http://www.Chinaheritagequarterly.org/features.php? searchterm = 029_zhang.inc&issue = 029.另见 Spence 2007,pp.36–39 和 Ye 1999,pp.88–90。

[63]《茶疏》,郑培凯、朱自振 2007,第 274 页。

[64]杜联哲 1977,第 255-256 页。

[65]《茶寮记》,郑培凯、朱自振 2007,第 274 页。参阅 Peltier 2011,p.130 的英译文。

[66]《茶寮记》,第 223 页。

[67]《弇州山人续稿》,卷 160,第 27 页。

[68]《续茶经》,第 805 页引沈周语。

[69]《茶寮记》,第 223 页。

[70]郑仲夔:《冷赏》,卷 6,第 1-2 页。

[71]《续茶经》,第 809 页。

[72]《续茶经》,第 766 页。

[73]如《煮泉小品》,第 2 页。

[74]对袁宏道的简要介绍及其游记,参阅 Strassberg 1994,pp.303-312;另见 Campbell
    2002,2003。

[75]《袁中郎全集》,"游记",卷 14。英译文在 McDowall 2010 的基础上有所改动。

[76]朱朴:《西村诗集》,"补遗",第 2 页。

[77]《古今图书集成》,卷 87,第 198 页。

[78]《茗斋集》,卷 10,第 127 页。

[79]《容台集》,卷 2,第 38 页。

[80]吴智和 1980,第 8 页。

[81]《四时幽赏录》,第 1 页。

[82]关于徐霞客的游记,参见 Ward 2000。

[83]《斗南老人集》,第 5 卷,第 75 页下。

[84]此处指唐代诗人杜甫、韩愈以及他们称颂过的僧人。关于韩愈和大颠,参见 Hart-
    tman,1986,pp.93-104。

[85]分别指好酒的诗人陶潜,他曾任彭泽县令;赵州和尚,他令其弟子"去喝茶"。

[86]《梧冈集》,卷 3,第 30 页下。

[87]《武林游记》,第 5 页。

[88]见胡奎:《春夜遇雨宿辰州古寺》,《斗南老人集》,卷 5,第 42 页。朱朴:《春夜过
    宁海寺》,《蓝涧集》,卷 5,第 2 页。

［89］《王仲山先生诗选》,卷 7,第 44 页。

［90］《输寥馆集》,第 99 页。

［91］《续茶经》,第 813 页。

［92］人们认为司马相如(前 179—前 127)曾把茶列为蜀地土产之一。

［93］《夷门广牍》,卷 31,第 31 页。

［94］"香积"指寺院厨房。

［95］《本草纲目》,第 1069 页。

［96］《重阳庵集》,第 17-33 页。

［97］《荆川先生文集》,卷 2,第 39 页。

# 参考文献

## 原始文献

白氏六帖事类集.影宋本,二册.台北:新兴书局,1961.

备急千金要方.孙思邈(581—682).台北:中国医药研究所,1990.

本草纲目.李时珍(1518—1593).北京:人民卫生出版社,1982.

便民图纂.传为邝璠著.北京:农业出版社,1982.

博物志校证.张华撰(3世纪),范宁校证.北京:中华书局,1980.

岑参集校注.岑参撰(8世纪),陈铁民校注.上海:上海古籍出版社,1981.

茶经.陆羽(733—804).收入郑培凯、朱自振2007.

茶考.徐勃(1570—1645).收入郑培凯、朱自振.中国历代茶书汇编校注本.香港:商务印
    书馆,2007.

茶录.冯时可(1571年进士).收入郑培凯、朱自振2007.

茶疏.收入郑培凯、朱自振2007.

重修政和经史证类备用本草.唐慎微(11/12世纪).北京:人民卫生出版社,1957.

重阳庵集.上海:上海书店,1994.

楚辞校释.王泗源.北京:新华书店,1990.

丛书集成.上海:商务印书馆,1945—1937.

大唐新语.13卷,刘素(活跃于820年前后).北京:中华书局,1984.

东京梦华录.孟元老.四库全书本.

斗南老人集.胡奎(约1331—约1405).台北:台湾商务印书馆,1974.

封氏闻见记校注,10卷,封演(756年进士)撰、赵贞信校注.北京:中华书局,1958.

福建通纪.台北:大通书局,1968.

福建通志.台北:华文书局,1968.

古今图书集成,10 万卷,陈梦雷、蒋廷锡编,1725 年呈皇帝,1726 年钦定本.
成都:中华书局、巴蜀书社重印本,1985,82 册.

汉书.西汉(前 206—8)至新莽时期(9—23);120 卷,58—76 年班固(32—92)编撰.北
京:中华书局,1962.

淮南子逐字索引.刘殿爵主编.香港:商务印书馆,1982.

华阳国志校补图注.常璩撰,任乃强校注.北京:中华书局,1987.

虎丘山志.海口:海南出版社,2001.

嘉泰(1201—1204)会稽志.沈作宾、施宿成书于 1201 年.四库全书本.

集古录跋尾.欧阳修全集.北京:中华书局,2001.

荆川先生文集.台北:台湾商务印书馆,1967.

晋书(265—419),130 卷,646 年下诏,646—648 年房玄龄等修.北京:中华书局,1974.

集注分类东坡诗.王十朋(1112—1171).上海:商务印书馆,1922.

考槃余事.屠隆(字长卿,1543—1605).北京:中华书局,1985.

蓝涧集.朱朴(1339—1381).四库全书本.

历代名画记.张彦远(9 世纪).北京:人民美术出版社,1963.

六研斋三笔.李日华(1565—1635).四库全书本.

李文公集(李翱,卒于 780 年).四部丛刊本.

罗岕茶记.熊明遇(1579—1649).收入郑培凯、朱自振 2007.

毛诗草木鸟兽虫鱼疏.陆玑(261—303).丛书集成本.

毛诗正义.见十三经注疏.1815,阮元(1764—1849)编.北京:北京大学出版社,2000.

梦粱录.吴自牧,1274.四库全书本.

茗笈.屠本畯(卒于 1622 年).台北:东方文化,1975.

茗说.吴从先(万历年间).收入郑培凯、朱自振 2007.

茗斋集.彭孙贻(1616—1673).上海:上海古籍出版社,2009.

南齐书(479—501),59 卷,萧子显(489—537)私修.北京:中华书局,1972.

入唐求法巡礼行记.圆仁(794—864).东京:平凡社,1970.

鲍翁家藏集.吴宽(1435—1504).四部丛刊本.

品茶要录.收入郑培凯、朱自振 2007.

皮子文薮.皮日休(约 834—约 883).郑庆笃、萧涤非编.上海:上海古籍出版社,1981.

齐民要术校释.缪启愉、贾思勰(6 世纪).北京:农业出版社,1998.

清异录.饮食部分.北京:中国商业出版社,1985.

全唐诗.彭定球(1645—1719)等.北京:中华书局,1960.

全唐文.1,000 卷,董诰(1740—1818)编纂,1814.钦定本,1814 年序.上海:上海古籍出版
社,1993 年重印版.

日知录集释.顾炎武(1613—1682)著,黄汝成集释,栾保群(1799—1837)等校点.上海:
上海古籍出版社,2006.

容台集.董其昌(1555—1636).台北:国立中央图书馆,1968.

瑞应图记.孙柔之(6 世纪).上海:上海书店,1994.

三国志,65 卷,陈寿(233—297).北京:中华书局,1971.

娑罗馆清言.屠隆(1543—1605).四库全书本.

膳夫经手录.杨晔(9 世纪).续修四库全书本.

山家清供.林洪.北京:中国商业出版社,1985.

神农本草经校注.北京:学苑出版社,2008.

十国春秋.吴任臣(1628? —1689?).北京:中华书局,1983.

史记,130 卷,司马谈、司马迁(前 145—前 86)父子,成书于公元前 90 年前后.北京:中
华书局,1959.

食疗本草译注.上海:上海古籍出版社,1992.

十六汤品.收入郑培凯、朱自振 2007.

诗式校注.皎然(8 世纪).北京:人民文学出版社,2003.

输寥馆集.台北:国立中央图书馆,1971.

说库.王文濡.1915 年初版.台北:新兴书局,1963 年重印版.

四库全书.台北:商务印书馆,1983.

四十幽赏录.丛书集成本.

搜神后记.北京:中华书局.1981.

太平广记,500 卷,李昉等编,977—978.北京:中华书局,1961.

太平惠民和剂局方.1107.北京:人民卫生出版社,1962.

太平御览.李昉编[983],王云五主编.北京:中华书局影四部丛刊本,第三编,1960;第 5
次重印,1995.

太平御览·饮食部.北京：中国商业出版社,1993.

唐才子传校笺,5 卷.北京：中华书局,1987.

唐大诏令集,130 卷,宋敏求(1019—1079)编,1070.上海：商务印书馆,1959.

唐国史补；因话录.李肇、赵璘.上海：上海古籍出版社,1957.

唐会要,100 卷,王溥(922—982),961.该书在苏冕的 40 卷本《会要》(804)和杨绍复等
    40 卷本《续会要》(853)的基础上续补而成.收入国学基本丛书,上海：商务印书馆,
    1935.北京：中华书局 1955 年重印版.

唐人五十家小集.江标(1860—1899).苏州：灵鹣阁,1895.

唐诗纪事.计有功(活跃于 1121—1161).北京：中华书局,1965.

唐语林校证.王谠(活跃于 1089 年)等.北京：中华书局,1987.

唐韵正.顾炎武(1613—1682),1667.四库全书本.

天门县志.武汉：湖北人民出版社,1989.

外台秘要.王焘(8 世纪).北京：人民卫生出版社,1955.

王仲山先生诗选.台北：台湾学生书局,1971.

晚明二十家小品.徐渭(1521—1593).上海：上海书店,1984.

文选,60 卷,萧统(501—531)编；1809 年胡克家(1757—1861)刻本,以宋淳熙年间
    (1174—1189)所刻李善(卒于 689 年)之注本为底本；重印版附胡克家之《文选考
    异》.台北：艺文印书馆,1979.

文苑英华,1,000 卷,李昉等编,982—987.北京：中华书局,1966.

武林游记.上海：上海书店,1994.

梧冈集.四库全书本.

咸淳(1265—1274)临安志.潜说友.四库全书本.

西村诗集.朱朴.四库全书本.

新唐书(618—907),225 卷,欧阳修(1007—1072)、宋祁(998—1061)等.1043—1060.北
    京：中华书局,1974.

续茶经.陆廷灿(18 世纪).收入郑培凯、朱自振 2007.

续修四库全书.上海：上海古籍出版社,2002.

续藏经.台北：新文丰,1968—1978.150 卷.大日本续藏经重印版.京都：藏经书院,
    1905—1912.

弇州山人续稿.台北:文海出版社,1970.

夷门广牍.台北:台湾商务印书馆,1969.

因话录,见唐国史补;因话录.

异苑.刘敬叔(活跃于5世纪初).说郛本.

袁中郎全集.台北:世界出版社,1956.

云笈七签.约编撰于1028—1029年,张君房(活跃于1008—1029年)编.北京:中华书局,2003.

浙江通志.台北:华文书局,1967.

周礼,收入十三经注疏,1815.阮元(1764—1849)编.北京:北京大学出版社,2000.

煮泉小品.田艺蘅(1526年进士).台北:艺文印书馆,1956.

资治通鉴,294卷,司马光(1019—1086)编.北京:中华书局,1963.

## 二手文献

Addison, Joseph.1837.*The Works of Joseph Addison*.3 vols.New York:Harper & Co.

Albury, W.R., and G.M.Weisz.2009."Depicting the Bread of the Last Supper:Religious Representation in Italian Renaissance Society."*Journal of Religion & Society* 11:1-17.

Allen, Sarah M.2006."Tales Retold:Narrative Variation in a Tang Story."*Harvard Journal of Asiatic Studies* 66,no.1:105-143.

Barnstone, Tony, Willis Barnstone and Haixin Xu.1991.*Laughing Lost in the Mountains*:Poems of Wang Wei.Hanover,N.H.:University Press of New England.

Barrett, T.H.1991."Devil's Valley to Omega Point:Reflections on the Origins of a Theme from the Nō."In *The Buddhist Forum*, Ⅱ, edited by Tadeusz Skorupski,1-12.London:School of Oriental and African Studies.

Bartholomew, Terese Tse.1990."A Concise History of Yixing Ware." In *Art of theYixing Potter:The K. S. Lo Collection, Flagstaff House Museum of Tea Ware*, edited by Kueihsiang Lo,42-57.Hong Kong:Urban Council.

Bauer, Wolfgang.1990.*Das Antlitz Chinas:die autobiographische Selbstdarstellung in der chinesischen Literatur von ihren Anfängen bis heute*.München:C.Hanser.

Birrell, Anne.1982.*New Songs from a Jade Terrace:An Anthology of Early Chinese Love*

*Poetry*.London:Allen & Unwin.

Blofeld,John.1985. *The Chinese Art of Tea*.Boston:Shambhala.

Bodde,Derk.1942."Early References to Tea Drinking in China." *Journal of the American O-riental Society* 62,no.1:74-76.

—.1975.*Festivals in Classical China:New Year and Other Annual Observances During the Han Dynasty*,206*B. C. -A. D.* 220.Princeton,N.J.:Princeton University Press.

Bokenkamp,Stephen R.1986."The Peach Flower Font and the Grotto Passage." *Journal of the American Oriental Society* 106,no.1:65-78.

Bon Drongpa [Bon-grong-pa].1993.*The Dispute Between Tea and Chang*( *Ja-chang Iha-mo' i bstan - bcos* ). Translated by Alexander Fedotov and Sangye Tandar Naga. Dharamsala:Library of Tibetan Works and Archives.

Bretschneider,Emil. 1882. *Botanicon Sinicum. Notes on Chinese Botany from Native and Western Sources.* London:Trübner.

Brook,Timothy.1993. *Praying for Power:Buddhism and the Formation of Gentry Society in Late-Ming China.* Cambridge,Mass.:Harvard University Press.

—.1998.*The Confusions of Pleasure:Commerce and Culture in Ming China.* Berkeley:University of California Press.

Buswell,Robert E.1992.*The Zen Monastic Experience:Buddhist Practice in Contemporary Ko-rea*.Princeton,N.J.:Princeton University Press.

Cahill,Suzanne.2000."Pien Tung-hsüan:A Taoist Holy Woman of the T'ang Dynasty(618-907)." In *Woman Saints in World Religions*, edited by Arvind Shama,205-220.Albany:State University of New York Press.

—.2003."Resenting the Silk Robes That Hide Their Poems:Female Voices in the Poems of Tang Dynasty Daoist Nuns." 文收唐宋女性与社会,邓小南、高世瑜、荣新江编,519-556.上海:辞书出版社.

Campany,Robert Ford.1996.*Strange Writing:Anomaly Accounts in Early Medieval China*.Albany:State University of New York Press.

—.2002.*To Live as Long as Heaven and Earth:A Translation and Study of Ge Hong's Tradi-tions of Divine Transcendents.* Berkeley:University of California Press.

——.2012. *Signs from the Unsee Realm*.Honolulu：University of Hawai'i Press.

Campbell，Duncan.2002."The Epistolary World of a Reluctant 17th Century Chinese Magistrate：Yuan Hongdao in Suzhou." *New Zealand Journal of Asian Studies* 4，no.1：159-193.

——.2003."Yuan Hongdao's 'A History of the Vase,'" *New Zealand Journal of Asian Studies* 5，no.3：77-93.

Carpenter，Francis Ross 1974. *The Classic of Tea*. Boston：Little，Brown.

Ceresa，Marco.1990.*Il Canone del tè*.Milano：Leonardo.

——.1993a."Discussing an Early Reference to Tea-Drinking in China：Wang Bao's *Tongyue*." *Annali di Ca' Foscari Serie Orientale* 25 XXXI，no.3：203-211.

——.1993b."Oltre il *Chajing*：Trattati sul tè di epoca Tang." *Annali dell' Istituto Universitario Orientale di Napoli* 53，no.2：193-210.

——.1995."Herbe amère et douce rosée.Notes sur l'histoire de la terminologie du goût du thé en Chine." In *Savourer*，*Goûter*，edited by F.Blanchon，269-284.Paris：Presses de l'Université de Paris-Sorbonne.

——.1996."Diffusion of Tea-Drinking Habit in Pre-Tang and Early Tang Period." *Asiatica Venetiana* 1：19-25.

Chan，Hok-Lam.1979."Tea Production and Tea Trade Under the Jurchen-Dynasty," In *Studia Sino-Mongolica*：*Festschr. fur Herbert Franke*，edited by Wolfgang Baucer，109-125.Wiesbaden：Steiner.

陈万成.1994.孙绰《游天台山赋》与道教.文收《新亚学报》13：255-262.

陈椽.1984.茶叶通史.北京：农业出版社.

——.1993.论茶与文化.北京：农业出版社.

Chen Jinhua.2002."Sarīra and Scepter：Empress Wu's Political Use of Buddhist Relics." *Journal of the International Association of Buddhist Studies* 25，nos.1-2：33-150.

Chen，Jinhua.1999."One Name，Three Monks：Two Northern Chan Masters Emerge from the Shadow of the Contemporary，the Tiantai Master Zhanran 湛然(711-782)." *Journal of the International Association of Buddhist Studies* 22，no.1：1-91.

——.2002.*Monks and Monarchs，Kinship and Kingship：Tanqian in Sui Buddhism and Politics.*

Kyoto：Italian School of East Asian Studies.

—.2006."Pañcavārṣika Assemblies in Liang Wudi's(r.502-549)Buddhist Palace Chapel." *Harvard Journal of Asiatic Studies* 66,no.1：43-103.

—.2009.*Legend and Legitimation：The Formation of Tendai Esoteric Buddhism in Japan*.Louvain：Peeters.

Chen,Tsu-lung.1963."Note on Wang Fu's *Ch'a Chiu Lun.*" *Sinologica* 6：271-287.

陈祖槼、朱自振.1981.中国茶叶历史资料选辑.北京：农业出版社.

Ch'en,Kenneth.1973.*The Chinese Transformation of Buddhism.* Princeton,N.J.：Princeton University Press.

程光裕.1985.茶与唐宋思想界及政治社会关系.文收中国茶艺论丛,1-61.台北：大立出版社.

Cheng,Wing fun,and Hervé Collett.2002.*L'extase du thé：poèmes traduits du chinois*.Millemont：Moundarren.

Clark,Hugh R.2001."An Inquiry into the *Xianyou Cai*：Cai Xiang,Cai Que,Cai Jing,and the Politics of Kinship." *Journal of Song-Yuan Studies* 31：67-101.

Clunas,Craig.1991.*Superfluous Things：Material Culture and Social Status in Early Modern China*.Cambridge：Polity Press.

—.1998."Wine Foaming in Gold,Tea Brewing in Jade：Drinking Culture in Ming Dynasty China." *Oriental Art* 44,no.2：8-10.

Davis,A.R.1968."The Double Ninth Festival in Chinese Poetry：A Study of Variations upon a Theme." In *Wen-lin：Studies in the Chinese Humanities*,edited by Chow Tsê-tsung,45-64.Madison：University of Wisconsin Press for the Dept.Of East Asian Languages and Literature of the University of Wisconsin.

DeBlasi,Anthony.2002.*Reform in the Balance：The Defense of Literary Culture in Mid-Tang China*.Albany：State University of New York Press.

Declercq,Dominik.1998.*Writing Against the State：Political Rhetorics in Third and Fourth Century China*.Leiden：Brill.

DeWoskin,Kenneth J.,and J.I.Crump.1996.*In Search of the Supernatural：The Written Record.* Stanford,Calif.：Stanford University Press.

*Dictionary of Ming Biography*.1976.Edited by L.Carrington Goodrich and Fang Zhaoying.
New York：Columbia University Press.

Drott，Edward R.2010."Gods，Buddhas，and Organs：Buddhist Physicians and Theories of
Longevity in Early Medieval Japan." *Japanese Journal of Religious Studies* 37，no.2：
247-273.

杜联哲.1977.明人自传文钞.台北：艺文印书馆.

Duquenne，Robert.1983."Daigensui." In *Hōbōgirin* fasc.6.

Ebrey，Patricia Buckley.1993.*Chinese Civilization：A Sourcebook*.New York：Free Press.

Edwards，E.D.1937.*Chinese Prose Literature of the T' ang Period*.2 vols.London：Arthur Prob-
stain and Co.

Egan，Ronald C.1994.*Word，Image，and Deed in the Life of Su Shi*.Cambridge，Mass.：Harvard
Council on East Asian Studies.

—.1997."The Controversy over Music and ' Sadness' and Changing Conceptions of the Qin in
Middle Period China." *Harvard Journal of Asiatic Studies* 57，no.1：5-66.

Engelhardt，Ute.2001."Dietetics in Tang China and the First Extant Works of Materia Dieteti-
ca." In *Innovation in Chinese Medicine*，edited by Elisabeth Hsu，173-192.Cambridge：
Cambridge University Press.

Eskildsen，Stephen.1998.*Asceticism in Early Taoist Religion*.Albany：State University of New
York Press.

方豪.1985.宋代僧侣对于栽茶之贡献.文收中国茶艺论丛，吴智和编，137-148.台北：大
立出版社.

Faure，Bernard.1991.*The Rhetoric of Immediacy：A Cultural Critique of Chan/Zen Buddhism*.
Princeton，N.J.：Princeton University Press.

—.1997.*The Will to Orthodoxy：A Critical Genealogy of Northern Chan Buddhism*.Stanford，
Calif.：Stanford University Press.

Forte，Antonino.2005."The Origins of Luoyang' s Great Fuxian Monastery." Unpublished
manuscript.

福田宗位.1974.中国の茶书.东京：东京堂出版.

船山彻.2010.梵网经下卷先行说の再检讨.文收三教交涉论丛続编，麦谷邦夫编，127-

156.京都：京都大学人文科学研究所.

Furth, Charlotte.1999.*A Flourishing Yin: Gender in China's Medical History*, 960 - 1665. Berkeley: University of California Press.

古田绍钦.2000.荣西 吃茶养生记.东京：讲谈社.

傅树勤.1984.茶神陆羽.北京：农业出版社.

Gardella, Robert Paul.1994.*Harvesting Mountains: Fujian and the China Tea Trade*, 1757 - 1937.Berkeley: University of California Press.

Gernet, Jacques.1962.*Daily Life in China on the Eve of the Mongol Invasion*, 1250-1276.New York: Macmillan.

—.1995.*Buddhism in Chinese Society: An Economic History from the Fifth to the Tenth Centuries*.New York: Columbia University Press.

Giles, Herbert A.1964.*Gems of Chinese Literature: Prose*. Taipei: Literature House.

Giles, Lionel.1957.*Descriptive Catalogue of the Chinese Manuscripts from Tunhuang in the British Museum*.London: Trustees of the British Museum.

Gineste, Muriel.1997."Tea Origins and Practices in Vietnam,"*Vietnamese Studies*( Hanoi) no. 56( 126): 29-46.

Girard, Frédéric.2011."Yōsai, premier théoricien du thé au Japon, et son *Traité pour nourrir le principe vital par la consummation du thé.*" In *Manabe Shunshō hakase kiko kinen ronshū* 真锅俊照博士古稀记念论集, 1 - 41.京都：法藏馆.

Goble, Andrew Edmund.2011.*Confluences of Medicine in Medieval Japan: Buddhist Healing, Chinese Knowledge, Islamic Formulas, and Wounds of War*.Honolulu: University of Hawai'i Press.

Goldschmidt, Asaf.2008. " Commercializing Medicine or Benefiting the People? The First Public Pharmacy in China." *Science in Context* 21, no.3: 311-350.

Goodman, Jordan.1993.*Tobacco in History: The Cultures of Dependence*.London: Routledge.

Goodrich, L.Carrington, and C.Martin Wilbur.1942."Additional Notes on Tea." *Journal of the American Oriental Society* 62, no.3: 195-197.

Graham, A.C.1979."The Nung- chia 农家 'School of the Tillers' and the Origins of Peasant Utopianism in China." *Bulletin of the School of Oriental & African Studies* 42, no.1:

66-100.

Greatrex, Roger.1987. "The *Bowu zhi*: An Annotated Translation." Ph.D.diss., Föreningen för Orientaliska Studier, Stockholm.

Greenbaum, Jamie. 2007. *Chen Jiru* ( 1558—1639 ): *The Background to*, *Development and Subsequent Uses of Literary Personae*. Leiden: Brill.

Gregory, Peter N., ed. 1987. *Sudden and Gradual: Approaches to Enlightenment in Chinese Thought*. Honolulu: University of Hawai'i Press.

Groner, Paul.1990. "The Fan - wang ching and Monastic Discipline in Japanese Tendai: A Study of Annen's *Futsū jubosatsukai kōshaku*." In *Chinese Buddhist Apocrypha*, edited by Robert E. Buswell Jr., 251-290. Honolulu: University of Hawai'i Press.

Hanson, Marta E. 2011. *Speaking of Epidemics in Chinese Medicine: Disease and the Geographic Imagination in Late Imperial China*. Abingdon, Oxon: Routledge.

Han Wei.1993. "Tang Dynasty Tea Utensils and Tea Culture: Recent Discoveries at Famen Temple." *Chanoyu Quarterly* 74: 38-58.

郝春文.1998.唐后期五代宋初敦煌僧尼的社会生活.北京:中国社会科学出版社.

——.2010. "The Social Life of Buddhist Monks and Nuns in DunhuangDuring the Late Tang, Five Dynasties, and Early Song." *Asia Major* 23, no.2: 77-95.

Harper, Donald John, 1986. "The Analects Jade Candle: A Classic of T'ang Drinking Custom." *T'ang Studies* 4: 69-90.

Hartman, Charles.1986. *Han Yü and the T'ang Search for Unity*. Princeton, N.J.: Princeton University Press.

Hattox, Ralph S.1985. *Coffee and Coffeehouses: The Origins of a Social Beverage in the Medieval Near East*. Seattle: University of Washington press.

Hawkes, David [trans].1977. *The Story of the Stone: A Chinese Novel in Five Volumes*. Harmondsworth: Penguin.

Hay, Jonathan ( Han Chuang ).1970-1971. "Hsiao I Gets the Lan-t'ing Manuscript by a Confidence Trick." *National Palace Museum Bulletin*, 故宫通讯 5, no.3: 1-13; 6, no.3: 1-17.

林美朗.2004.『吃茶养生记』の近年五种の病相. Bulletin of Tokai Women's College 23:

193-197.

Henricks Robert G.1998."Fire and Rain：A Look at Shen Nung 神农（The Divine Farmer） and His Ties with Yen Ti 炎帝（The 'Flaming Emperor' or 'Flaming God'）." *Bulletin of the School of Oriental and African Studies* 61，no.1：102-124.

Hervouet，Yves，and Etienne Balazs.1978.*A Sung Bibliography.Bibliographie des Song*.Hong Kong：Chinese University Press.

平林文雄.1978.参天台五台山记：校本并びに研究.东京：风间书房.

Hōbōgirin 法宝义林 *Dictionnaire encyclopédique du Bouddhismes d'après les sources chinoises et japonaises*：fascicules 1（1929），2（1930），3（1937），4（1967），5（1979），6（1983），7（1994），8（2003）.

Hohenegger，Beatrice.2006.*Liquid Jade：The Story of Tea from East to West*.New York：St. Martin's Press.

—.ed.2009.*Steeped in History：The Art of Tea*.Los Angeles：Fowler Museum at UCLA.

Holzman，Donald.1956."Les Sept Sages de la Forêt des Bambous et la société de leur temps." *T'oung Pao* 44：317-346.

Huang，H.T.2000.*Science and Civilisation in China*，Volume 6：*Biology and Biological Technology. Part V：Fermentations and Food Science*.Edited by Joseph Needham.Cambridge： Cambridge University Press.

Hucker，Charles O.1985.*A Dictionary of Official Titles in Imperial China*.Stanford，Calif.： Stanford University Press.

Hurst，G.Cameron III.1979."Michinaga's Maladies.A Medical Report on Fujiwara no Michinaga." *Monumenta Nipponica* 34，no.1：101-112.

Ip，Po-chung Danny 叶宝忠.1995."The Life and Thought of Lü Wen（772-811）吕温的生平与思想研究." 博士论文，香港大学.

Jamieson，RossW.2001."The Essence of Commodification：Caffeine Dependencies in the Early Modern World." *Journal of Social History* 35，no.2：269-294.

Jenner，W.J.F.1981.*Memories of Loyang：Yang Hsüan-Chih and the Lost Capital*（493-534）.Oxford：Oxford University Press.

贾晋华.1992.皎然年谱.厦门：厦门大学出版社.

Jia Jinhua.1999. "The Hongzhou School of Chan Buddhism and the Tang Literati." Ph.D.
diss., University of Colorado.

暨远志.1991.唐代茶文化的阶段性——敦煌写本《茶酒论》研究之二.敦煌研究 2:
99-107.

Johnson, Wallace Stephen.1979.*The T'ang Code*.Princeton, N.J.:Princeton University Press.

Jorgensen, John J.2005.*Inventing Hui-neng, The Sixth Patriarch: Hagiography and Biography
in Early Ch'an*.Leiden:Brill.

Juengst, Sara.1992. *Breaking Bread: The Spiritual Significance of Food.* Louisville, Ky.: West-
minster John Knox Press.

Karetzky, Patricia.2000. "Imperial Splendor in the Service of the Sacred: The Famen Tea
Treasures." *T'ang Studies*, nos.18-19:61-85.

Kieschnick, John.2003.*The Impact of Buddhism on Chinese Material Culture.* Princeton, N.J.:
Princeton University Press.

——.2005. "Buddhist Vegetarianism in China." In *Of Tripod and Palate: Food, Politics, and Re-
ligion in Traditional China*, edited by Roel Sterckx, 186-212.New York: Palgrave Mac-
Millan.

Knechtges, David R.1970-1971. "Wit, Humor, and Satire in Early Chinese Literature ( to A.
D.220)." *Monumenta Serica* 29:79-98.

——. 1982. *Wen xuan, or, Selections of Refined Literature. Volume One: Rhapsodies on
Metropolises and Capitals.* Princeton, N.J.:Princeton University Press.

——.1997. "Gradually Entering the Realm of Delight: Food and Drink in Early Medieval Chi-
na." *Journal of theAmerican Oriental Society* 117, no.2:229-239.

Kohn, Livia.1987.*Seven Steps to the Tao: Sima Chengzhen's* Zuowanglun. Nettetal: Steyler
Verlag.

——.2003. *Monastic Life in Medieval Daoism: A Cross-Cultural Perspective.* Honolulu:
University of Hawai'i Press.

Kohn, Livia, and Yoshinobu Sakade.1989.*Taoist Meditation and Longevity Techniques.* Ann
Arbor: Center for Chinese Studies, University of Michigan.

寇丹.2002.陆羽与《茶经》研究.香港:天马图书.

Kroll, Paul W.1996. "An Early Poem of Mystical Excursion." In *Religions of China in Practice*, edited by Donald S.Lopez Jr., 156-165.Princeton, N.J.: Princeton University Press.

Lamotte.Etienne.1976. *The Teaching of Vimalakīrti ( Vimalakīrtinirdesa ) : From the French Translation with Introduction and Notes ( L' enseignement de Vimalakīrti )*. London: Pali Text Society.

朗吉.1986.敦煌汉文卷子《茶酒论》与藏文《茶酒仙女》的比较研究.敦煌学辑刊 1: 64-68.

Lavoix, Valérie.2002. " La contribution des laïcs au végétarisme : croisades et polémiques en Chine du Sud autour de l' an 500. " In *Bouddhisme et lettrés dans la Chine médiéval*, edited by Catherine Despeux, 103-143.Louvain: Peeters.

Legge, James.1991 ( 1935 ). *The Chinese Classics : With a Translation, Critical and Exegetical Notes, Prolegomena, and Copious Indexes, I & II Confucian Analects, The Great Learning, The Doctrine of the Mean, The Works of Mencius*. 5 vols.Vol.1-2.Taipei: SMC Publishing.

Lewis, Mark Edward.2009. *China' s Cosmopolitan Empire: The Tang Dynasty*. Cambridge, Mass.: Belknap Press of Harvard University Press.

Li, zhisui, and Anne F.Thurston.1994. *The Private Life of Chairman Mao: The Memoirs of Mao' s Personal Physician*. New York: Random House.

廖宝秀.1990.从考古出土饮器论唐代饮茶文化.故宫学术季刊 8, no.3: 1-58.

—.1996.宋代吃茶法与茶器之研究.台北: 国立故宫博物院.

林正三.1984.唐代饮茶风气探讨.国立编译馆馆刊 13, no.2: 208-228.

Lippiello, Tiziana. 2001. *Auspicious Omens and Miracles in Ancient China : Han, Three Kingdoms and Six Dynasties*.Sankt Augustin: Monumenta Serica Institute.

Liu, Hsin-ju.1996.*Silk and Religion : An Exploration of Material Life and the Thought of People*, AD 600-1200.Delhi: Oxford University Press.

刘淑芬.2004."客至则设茶, 欲去则设汤"——唐、宋时期世俗社会生活中的茶与汤.燕京学报( 新 16 期) : 117-155.

—.2006a.戒律与养生之间——唐宋寺院中的丸药、乳药和药酒.中央研究院历史语言研究所集刊 77: 357-400.

—.2006b.唐宋寺院中的茶与汤药.燕京学报( 新 19 期) : 67-97.

——.2007.《禅院清规》中所见的茶礼与汤礼.中央研究院历史语言研究所集刊 78：629-670.

Lomova, Olga.2006."From Suffering the Heat to Enjoying the Cool: Remarks on Wang Wei as a Buddhist Poet." *In Studies in Chinese Language and Culture—Festschrift in Honour of Christoph Harbsmeier on the Occasion of His 60th Birthday*, edited by Christoph Anderl and Halvor Eifring, 417-425. Oslo: Hermes Academic Publishing.

Lu Houyuan, Xiaoyan Yang, Maolin Ye, Kam-Biu Liu, Zhengkai Xia, Xiaoyan Ren, Linhai Cai, Naiqin Wu, and Tung-Sheng Liu.2005."Culinary Archaeology: Millet Noodles in Late Neolithic China." *Nature* 437, no.7061: 967-968.

Lu, Weijing.2004."Beyond the Paradigm—Tea-Picking Women in Imperial China." *Journal of Women's History* 15, no.4: 19-46.

吕维新、蔡嘉德编.1995.从唐诗看唐人茶道生活.台北:陆羽茶艺.

鲁迅编.1967.古小说钩沉.北京:人民文学出版社.

——.1981.魏晋风度及文章药及酒之关系.文收鲁迅全集,523-553.北京:中华书局.

Ludwig, Theodore M.1981."Before Rikyu: Religious and Aesthetic Influences in the Early History of the Tea Ceremony." *Monumenta Nipponica* 36, no.4: 367-390.

Luo, Manling.2012."What One Has Heard and seen: Intellectual Discourse in a Late Eighth-Century Miscellany." *Tang Studies* 30: 23-44.

MacFarlane, Alan, and Iris MacFarlane.2003.*Green Gold: The Empire of Tea*.London: Ebrey Press.

Mair, Victor H.1994."The Autobiography of Instructor Lu." In *The Columbia Anthology of Traditional Chinese Literature*, edited by Victor H.Mair, 699-702.New York: Columbia University Press.

Major, John S., Sarah A. Queen, Andrew Seth Meyer, and Harold D. Roth. 2010. *The Huainanzi: A Guide to the Theory and Practice of Government in Early Han China*.New York: Columbia University Press.

Mather, Richard B.1968."Vimalakīrti and Gentry Buddhism." *History of Religions* 8, no.1: 60-73.

——.2002.*A New Account of Tales of the World: Shih-shuo Hsin-yü*.second edn.Ann Arbor:

Center for Chinese Studies, University of Michigan.

McCants, Anne E.C.2008."Poor Consumers as Global Consumers: The Diffusion of Tea and Coffee Drinking in the Eighteenth Century." *Economic History Review* 61, no.1:172-200.

McDowall, Stephen( trans.).2010. *Four Months of Idle Roaming: The West Lake Records of Yuan Hongdao*.Asian Studies Institute Translation Papers.Wellington, NZ: Victoria University of Wellington.

McMullen, David.1973."Historical and Literary Theory in the Mid-Eighth Century." In *Perspectives on the T' ang*, edited by Arthur F.Wright and Denis Twitchett, 301-342.New Haven, Conn.: Yale University Press.

—.1999."The Death Rites of a Tang Daizong." In *State and Court Ritual in China*, edited by Joseph P.McDermott, 150-196.Cambridge: Cambridge University Press.

McNair, Amy.1992-1993."Draft Entry for a T' ang Biographical Dictionary: Yen Chen-ch' ing." *T' ang Studies* 10-11:123-147.

—.1998. *The Upright Brush: Yan Zhenqing' s Calligraphy and Song Literati Politics*. Honolulu: University of Hawai' i Press.

McRae, John R.1986.*The Northern School and the Formation of Early Ch' an Buddhism*. Honolulu: University of Hawai'i Press.

道端良秀.1970.仏教と酒—毒酒と薬酒.文收中国仏教史の研究:仏教と社会伦理, 214-348.京都:法蔵馆.

Minford, John, and Joseph S.M.Lau, eds.2000.*Classical Chinese Literature: An Anthology of Translations*.Hong Kong: Chinese University Press.

Mintz, Sideny W.1986.*Sweetness and Power: The Place of Sugar in Modern History*.New York: Penguin Books.

森鹿三.1999.本草学研究.大阪:武田科学振兴财团.

Nappi, Carla Suzan.2009.*The Monkey and the Inkpot: Natural History and Its Transformations in Early Modern China*. Cambridge, Mass.: Harvard University Press.

成田重行.1998.茶圣陆羽.茶経を著した伟人の生涯.京都:淡交社.

Needham, Joseph, and Lu Gwei-Djen, eds.1983.*Science and Civilisation in China*, Vol. V. *Chemistry and Chemical Technology*, Part 5. *Spagyrical Discovery and Invention: Physio-*

*logical Alchemy.* Cambridge：Cambridge University Press.

Needham，Joseph，and Colin A.Ronan.1978.*The Shorter Science and Civilisation in China：An Abridgement of Joseph Needham's Original Text.*Cambridge：Cambridge University Press.

Nielson，Thomas P.1973. *The T'ang Poet Chiao-jan.*Tempe：Center for Asian Studies，Arizona State University.

Nienhauser，William H.1979.*P'i Jih-hsiu.* Boston：Twayne Publishers.

西脇常记.2000.『陆文学自传』考.文收唐代の思想と文化,西脇常记编,113-140.东京：创文社.

布目潮渢.1995.中国吃茶文化史.东京：岩波书店.

中村乔.1976.中国の茶书.东京：平凡社.

Obringer，Frederic.1997.*L'aconit et l'orpiment：drogues et poisons en Chine ancienne et médiévale.*Paris：Fayard.

Overmyer，Daniel L.1990."Buddhism in the Trenches：Attitudes Toward Popular Religion in Chinese Scriptures Found at Tun-Huang." *Harvard Journal of Asiatic Studies* 50，no.1：197-222.

Owen，Stephen.1981.*The Great Age of Chinese Poetry：The High T'ang.*New Haven，Conn.：Yale University Press.

——.2006.*The Late Tang：Chinese Poetry of the Mid-Ninth Century*（827-860）.Cambridge，Mass.：Harvard University Asia Center.

Owyoung，Steven D.2000."The Connoisseurship of Tea：A Translation and Commentary on the 'P'in-ch'a' Section of the *Record of Superlative Things* by Wen Chen-heng（1585-1645）." *Kaikodo Journal*，Spring：25-50.

——.2008."'Lu Yü's Brazier'Taoist Elements in the T'ang Book of Tea." *Kaikodo Journal*，Spring：232-252.

——.2009."Tea in China：From its Mythological Origins to the Qing Dynasty." In *Steeped in History：The Art of Tea*，edited by Beatrice Hohenegger，30-53.Los Angeles：Fowler Museum at UCLA.

Pachow，W.2000.*A Comparative Study of the Prātimoksa：On the Basis of Its Chinese，Tibetan，Sanskrit，and Pali Versions.*Delhi：Motilal Banarsidass Publishers.

Paper, Jordan D.1995.*The Spirits Are Drunk*: *Comparative Approaches to Chinese Religion*.Albany: State University of New York Press.

Peltier, Warren V.2011.*The Ancient Art of Tea*: *Discover Happiness and Contentment in a Perfect Cup of Tea*.Tokyo: Tuttle Pub.

Pitelka, Morgan, ed.2003.*Japanese Tea Culture*: *Art*, *History*, *and Practice*.New York: RoutledgeCurzon.

Poo, Mu-chou(蒲慕洲).1999."The Use and Abuse of Wine in Ancient China." *Journal of the Economic and Social History of the Orient* 42, no.2:1-29.

Preedy, Victor R.ed.2012.*Tea in Health and Disease Prevention*.London: Academic Press.

Pregadio, Fabrizio. 2006. *Great Clarity*: *Daoism and Alchemy in Early Medieval China*. Stanford, Calif.: Stanford University Press.

—.2007.ed.*The Encyclopedia of Taoism*.2 vols.London: Routledge.

瞿蜕园.1980.李白集校注.上海：上海古籍出版社.

Rambelli, Fabio.2007.*Buddhist Materiality*: *A Cultural History of Objects in Japanese Buddhism*.Stanford, Calif.: Stanford University Press.

Read, Bernard.1977 [1936].*Chinese Medicinal Plants from the Pen Ts' ao Kang Mu A. D.* 1596.Taibei: Southern Materials Center.

Red Pine.2009.*In Such Hard Times*: *The Poetry of Wei Ying-wu*. Port Townsend, Wa.: Copper Canyon Press.

Reischauer, Edwin O.1955. *Ennin's Diary*: *The Record of a Pilgrimage to China in Search of the law*.New York: Ronald Press Co.

Robbins, Michael.1974."The Inland Fukien Tea Industry: Five Dynasties to the Opium war." *Transactions of the International Conference of Orientalists in Japan* 19:121-142.

Robson, James.2009.*Power of Place*: *The Religious Landscape of the Southern Sacred Peak* (*Nanyue*)*in Medieval China*.Cambridge, Mass.; Harvard University Asia Center.

Rockhill, William Woodville(trans.).1967.*The Journey of William of Rubruck to the Eastern Parts of the World*,1253-1255.Nendeln, Liechtenstein: Kraus Reprint.

Sabban, Françoise.1997."La diète parfaite d' un lettré retiré sous les Song du Sud." *Études chinoises* 16, no.1:7-57.

Salguero, C.Pierce.2009."The Buddhist Medicine King in Literary Context: Reconsidering an Early Medieval Example of Indian Influence on Chinese Medicine and Surgery." *History of Religions* 48, no.3: 183-210.

Schafer, Edward H.1955."Notes on Mica in Medieval China." *T'oung Pao* 43: 265-285.

——.1963.*The Golden Peaches of Samarkand: A Study of T'ang Exotics*. Berkeley: University of California Press.

——.1965."Notes on T'ang Culture II." *Monumenta Serica* 24: 130-154.

——.1967.*The Vermilion Bird: T'ang Images of the South*.Berkeley: University of California Press.

——.1977."T'ang." In *Food in Chinese Culture: Anthropological and Historical Perspectives*, edited by K.C.Chang, 85-140.New Haven, Conn.: Yale University Press.

——.1989. *Mao Shan in T'ang times*. 2nd rev.ed, *Monograph(Society for the Study of Chinese Religions)no*. 1. Boulder, Co.: Society for the Study of Chinese Religions.

Schipper, Kristofer, and Franciscus Verellen, eds.2005.*The Taoist Canon: A Historical Companion to the Daozang*. 3 vols.Chicago: University of Chicago Press.

Schivelbusch, Wolfgang.1992.*Tastes of Paradise: A Social History of Spices, Stimulants, and Intoxicants*.New York: Pantheon Books.

Schlütter, Morten.2008. *How Zen Became Zen: The Dispute over Enlightenment and the Formation of Chan Buddhism in Song-Dynasty China*. Honolulu: University of Hawai'i Press.

Schmidt, F.R.A.2006."The Textual History of the *Materia Medica* in the Han Period: A System-Theoretical Reconsideration." *T'oung Pao* 92, nos.4-5: 293-324.

関口真大.1960.玉泉天台について.天台学報 1: 10-17.

Sen, Soshitsu.1998.*The Japanese Way of Tea: From its Origins in China to Sen Rikyu*.Honolulu: University of Hawai'i Press.

陕西省考古研究院.2007.法门寺考古发掘报告.北京: 文物出版社.

Sharf, Robert H.2007."How to Think with Chan Gongans." In *Thinking with Cases: Specialized Knowledge in Chinese Cultural History*, edited by Charlotte Furth, Judith Zeitlin, and Hsiung Ping-chen, 205-243.Honolulu: University of Hawai'i Press.

—.Unpublished."The Buddha's Finger Bones at Famen-si and the Art of Chinese Esoteric Buddhism."

Sharma,Jayeeta.2011.*Empire's Garden*:*Assam and the Making of India*,*Radical Perspectives*. Durham,N.C.:Duke University Press.

Shinohara, Koichi.1991."Structure and Communitas in Po Chü-i's Tomb Inscription." *Chung-hwa Buddhist Journal* 4:379-450.

舒玉杰.1996.中国茶文化今古大观.北京：北京出版社.

Simoons,Frederick J.1991.*Food in China*:*A Cultural and Historical Inquiry*.Boca Raton, Fla.:CRC Press.

Sivin,Nathan.1987.*Traditional Medicine in Contemporary China*:*A Partial Translation of Revised Outline of Chinese Medicine*(1972):*With an Introductory Study on Change in Present Day and Early Medicine*. Ann Arbor:Center for Chinese Studies,University of Michigan.

Skinner,G.William,ed.1977.*The City in Late Imperial China*. Stanford,Calif.:Stanford University Press.

Smith,Hilary A.2008."Understanding the *jiaoqi* Experience:The Medical Approach to Illness in Seventh-century China."*Asia Major* 21,no.1:273-292.

Smith,Paul J.1991.*Taxing Heaven's Storehouse*:*Horses*,*Bureaucrats*,*and the Destruction of the Sichuan Tea Industry*,1074-1224. Cambridge,Mass.:Council on East Asian Studies, distributed by Harvard University Press.

Smith,S.D.2001."The Early Diffusion of Coffee Drinking in England." In *Le commerce du café avant l'ère des plantations coloniales*, edited by M.Tuchscherer,245-268.Cairo:Institut français d'archéologie orientale.

宋兆麟.1991.茶神——陆羽.农业考古 22,148-149.

Spence,Jonathan D.2007.*Return to Dragon Mountain*:*Memories of a Late Ming Man*. New York:Viking.

Stein,Rolf Alfred.1972.*Tibetan Civilization*. Translated by J.E.Stapleton Driver.London:Faber.

Strassberg,Richard E.1994.*Inscribed Landscapes*:*Travel Writing from Imperial China*. Berkeley: University of California Press.

Stuart, G. A., and F. Porter Smith. 1977. *Chinese Materia Medica: Vegetable Kingdom.* New York: Gordon Press.

Surak, Kristin. 2013. *Making Tea, Making Japan: Cultural Nationalism in Practice.* Stanford, Calif.: Stanford University Press.

高桥忠彦.1990.唐诗にみえる唐代の茶と仏教.东洋文化 70:145-178.

—.1994.中国茶史における「吃茶养生记」の意义.东京学芸大学纪要.第 2 部门,人文科学,45:331-339.

Takakusu, Junjiro. 1896. *Record of the Buddhist Religion as Practised in India and the Malay Archipelago ( A. D. 671-695 ) by I-tsing.* London: Clarendon Press.

ter Haar, Barend J. 1992. *The White Lotus Teachings in Chinese Religious History.* Leiden: Brill.

—.1998. *The Ritual and Mythology of the Chinese Triads: Creating an Identity.* Leiden: Brill.

—.2001. "Buddhist- Inspired Options: Aspects of Lay Religious Life in the Lower Yangzi from 1100 until 1340." *T' oung Pao* 87, nos.1-3:92-152.

Tian, Xiaofei. 2005. *Tao Yuanming and Manuscript Culture.* Seattle: University of Washington Press.

Trombert, Eric. 1999-2000. "Bière et bouddhisme: la consommation de boissons alcooliées dans les monastères de Dunhuang aux V Ⅲ e - Ⅹ e siècles." *Cahiers d' Extême - Asie* 11: 129-181.

Tseng, Chin-yin. 2008. "Tea Discourse in the Tang Dynasty ( 618-907 CE ): Conceptions of Social Engagements." M.A.thesis, Committee on Regional Studies- East Asia, Harvard U-niversity.

Twitchett, Denis Crispin, ed. 1979. *The Cambridge History of China, Vol. 3: Sui and T' ang China, 589-906, Part 1.* Cambridge: Cambridge University Press.

Ukers, William H. 1935. *All About Tea.* New York: Tea and Coffee Trade Journal Company.

Unschuld, Paul U. 1985. *Medicine in China: A History of Ideas.* Berkeley: University of California Press.

—.1986. *Medicine in China: A History of Pharmaceutics.* Berkeley: University of California Press.

Varsano, Paula M.1994."The Invisible Landscape of Wei Yingwu(737-792)." *Harvard Journal of Asiatic Studies* 54, no.2:407-435.

Wagner, Marsha L.1981.*Wang Wei*.Boston: Twayne Publishers.

Waley, Arthur.2002(1963)."A Chinese Poet in Central Asia." In *The Secret Hisotory of the Mongols and Other Pieces*,21-38.Thirsk:House of Stratus.

王重民.敦煌变文集.北京:人民文学出版社.

王春瑜.1990.明朝酒文化.台北:东大图书股份有限公司.

Wang, Eugene Yuejin.2005."Of the True Body:The Buddha's Relics and Corporeal Transformation in Sui-Tang China." *In Body and Face in Chinese Visual Culture*, edited by Wu Huang, and Katherine Mino,79-118.Cambridge, Mass.:Harvard University Press.

王国良.1999.冥祥记研究.台北:文史哲学出版社.

Wang Shumin.2005."The Dunhuang Manuscripts and Pharmacology in Medieval China." *In Medieval Chinese Medicine:The Dunhuang Medical Manuscripts*, edited by Christopher Cullen and Vivienne Lo,295-305.London:Routledge.

王维(701-761)著、赵殿成(1685—1756)注.1961.王右丞集笺注.北京:中华书局.

王瑶.1986.文人与酒.文收中古文学史论,44-76.北京:北京大学出版社.

Wang-Toutain, Françoise. 1999-2000. "Pas de boissons alcoolisées, pas de viande: une particularité du bouddhisme chinois vue à travers les manuscrits de Dunhuang." *Cahiers d'Extrême-Asie* 11:91-128.

Ward, Julian.2000.*Xu Xiake(1587—1641):The Art of Travel Writing*. London:Curzon.

Weinberg, Bennett Alan, and Bonnie K.Bealer.2001.*The World of Caffeine:The Science and Culture of the World's Most Popular Drug*. New York:Routledge.

韦应物、陶敏.1998.韦应物集校注.上海:上海古籍出版社.

Welter, Albert.2006."Zen Buddhism as the Ideology of the Japanese State:Eisai and the *Kōzen gokokuron*." In *Zen Classics:Formative Texts in the History of Zen Buddhism*, edited by Steven Heine and Dale S.Wright,65-112.Oxford:Oxford University Press.

West, Stephen H.1987."Cilia, Scale and Bristle—The Consumption of Fish and Shellfish in the Eastern Capital of the Northern Song." *Harvard Journal of Asiatic Studies* 47, no.2: 595-634.

—.1997."Playing with Food：Performance，Food，and the Aesthetics of Artificiality in the Sung and the Yuan." *Harvard Journal of Asiatic Studies* 57，no.1：67-106.

Wilbur，C.Martin.1943.*Slavery in China During the Former Han Dynasty*，206 B.C.-A.D.25. Chicago：Field Museum of Natural History.

Williams，Nicholas Morrow.2013."The Taste of the Ocean：Jiaoran's Theory of Poetry." *Tang Studies* 31，no.1：1-27.

Wu，Pei-yi.1990.*The Confucian's Progress：Autobiographical Writings in Traditional China.* Princeton，N.J.：Princeton University Press.

Wu Hung.1987."The Earliest Pictorial Representations of Ape Tales：An Interdisciplinary Study of Early Chinese Narrative Art and Literature." *T'oung Pao* 73，nos.1-3：86-112.

吴静宜.2006.天台宗与茶禅的关系.台北大学中文学报 1：259-289.

吴觉农编.1990.中国地方志茶叶历史资料选辑.北京：农业出版社.

吴智和.1980.明代僧家、文人对茶推广之贡献.明史研究专刊 3：1-74.

萧丽华.2009.唐代僧人饮茶诗研究.台大文史哲学报 71：209-230.

薛翘、刘劲峰.1991.中日禅僧的交往与日本茶道的渊源.农业考古 22：139-147.

Yampolsky，Philip B.1967.*The Platform Sutra of the Sixth Patriarch.* New York：Columbia University Press.

Yang，Xiaoshan.2003.*Metamorphosis of the Private Sphere：Gardens and Objects in Tang-Song Poetry.* Cambridge，Mass.：Harvard University Asia Center.

姚国坤、姜堉发、陈佩珍.2004.中国茶文化遗迹.上海：上海文化出版社.

Ye，Yang.1999.*Vignettes from the Late Ming：A Hsiao-p'in Anthology.* Seattle：University of Washington Press.

Yifa.2002.*The Origins of Buddhist Monastic Codes in China：An Annotated Translation and Study of the Chanyuan qinggui.* Honolulu：University of Hawai'i Press.

Young，David.2008.*Du Fu：A Life in Poetry.* New York：Alfred A.Knopf.

Young，Stuart H.2013."For a Compassionate Killing：Chinese Buddhism，Sericulture，and the Silkworm God Avaghosa." *Journal of Chinese Religions* 41，no.1：25-58.

Yu Anthony C（即余国藩，编译）.1980.*The Journey to the West，Volume Three.*Chicago：University of Chicago Press.

俞敦培、楼子匡.1975.酒令丛钞.台北:东方文化书局.

Zanini, Livio.2005."Una bevanda cinese per il Buddha." In *Caro Maestro...*

*Scritte in onore di Lionello Lanciotti per l' ottantesimo compleanno*, edited by M.Scarpari and

    T.Lippiello, 1271-1283.Venezia: Cafoscarina.

Zhen Yong-su et al., eds.2002.*Tea: Bioactivity and Therapeutic Potential.* London: Taylor

    and Francis.

Zheng Jinsheng.2006."The Vogue for 'Medicine as Food' in the Song Period(960—1279

    CE)."*Asian Medicine* 2, no.1:38-58.

郑培凯、朱自振.2007.中国历代茶书汇编校注本.香港:商务印书馆.

郑雅芸.1984.古今论酒.台北:希代出版公司.

朱重圣.1980.我国饮茶成风之原因及其对唐宋社会与官府之影响.史学会刊 10:93-150.

竺济法.1994.名人茶事.台北:林郁文化.

Zysk, Kenneth G.1991.*Asceticism and Healing in Ancient India: Medicine in the Buddhist*

    *Monastery*.New York: Oxford University Press.

索　引（词条后页码为原书页码，即本书页边码）

图书在版编目（CIP）数据

茶在中国：一部宗教与文化史／（加）贝剑铭著；朱慧颖译.—北京：中国
工人出版社，2019.9
书名原文：Tea in China：A Religious and Cultural History
ISBN 978-7-5008-7255-9

Ⅰ．①茶…　Ⅱ．①贝…　②朱…　Ⅲ．①茶文化—宗教史—文化

史—中国　Ⅳ．①TS971.21

中国版本图书馆CIP数据核字（2019）第191400号

著作权合同登记号：图字01-2017-6772号

TEA IN CHINA：A RELIGIOUS AND CULTURAL HISTORY By JAMES A.BENN
Copyright：© 2015 BY UNIVERSITY OF HAWAII PRESS
This edition arranged with University of Hawaii Press
Through BIG APPLE AGENCY,INC.,LABUAN,MALAYSIA.
Simplified Chinese edition copyright:
2017 China Worker Publishing House
All rights reserved.

茶在中国：一部宗教与文化史

出 版 人　　王娇萍
责 任 编 辑　　董　虹
文 字 编 辑　　董佳琳
版 权 编 辑　　邢　璐
责 任 印 制　　黄　丽
出 版 发 行　　中国工人出版社
地　　　址　　北京市东城区鼓楼外大街45号　邮编：100120
网　　　址　　http://www.wp-china.com
电　　　话　　（010）62005043（总编室）
　　　　　　　（010）62005039（印制管理中心）
　　　　　　　（010）62004005（万川文化项目组）
发 行 热 线　　（010）62005049　（010）62005041　（010）62046646
经　　　销　　各地书店
印　　　刷　　北京盛通印刷股份有限公司
开　　　本　　880毫米×1230毫米　1/32
印　　　张　　8.75
字　　　数　　220千字
版　　　次　　2019年12月第1版　2024年11月第6次印刷
定　　　价　　68.00元